中国地质大学（武汉）实验教学系列教材
中国地质大学（武汉）实验技术研究经费资助

通信工程专业综合实习

TONGXIN GONGCHENG ZHUANYE ZONGHE SHIXI

郝国成　赵娟　马丽　侯强　刘勇　郭金翠　编著

图书在版编目(CIP)数据

通信工程专业综合实习/郝国成等编著.—武汉:中国地质大学出版社,2022.9
中国地质大学(武汉)实验教学系列教材
ISBN 978-7-5625-5337-3

Ⅰ.①通⋯ Ⅱ.①郝⋯ Ⅲ.①通信工程-教育实习-高等学校-教材 Ⅳ.①TN91-45

中国版本图书馆 CIP 数据核字(2022)第 140580 号

通信工程专业综合实习		郝国成 赵娟 马丽 侯强 刘勇 郭金翠 **编著**
责任编辑:周 旭	选题策划:毕克成 张晓红 王凤林	责任校对:张咏梅
出版发行:中国地质大学出版社(武汉市洪山区鲁磨路388号)		邮编:430074
电 话:(027)67883511	传 真:(027)67883580	E-mail:cbb@cug.edu.cn
经 销:全国新华书店		http://cugp.cug.edu.cn
开本:787 毫米×1 092 毫米 1/16	字数:205 千字	印张:8
版次:2022 年 9 月第 1 版	印次:2022 年 9 月第 1 次印刷	
印刷:武汉市籍缘印刷厂		
ISBN 978-7-5625-5337-3		定价:28.00 元

如有印装质量问题请与印刷厂联系调换

前　言

专业综合实习是电子信息类专业非常重要的实践性教学内容之一,是本科培养计划中融汇多门专业知识的重要实践课程。专业综合实习的特点是实践性强、综合性突出,具有较强的挑战性。学生将所学的专业基础知识、基本理论和基本技能运用于多个实习题目方向,可以检验自己所学专业知识是否扎实,能否运用所学知识解决具体应用领域存在的问题和难题。通过专业综合实习,不仅可以加深学生对课堂所学知识的理解和掌握,还可以培养学生的创新精神,激发他们的学习兴趣,提高他们分析问题及解决问题的能力和专业综合素质,为其毕业后适应工作需要奠定很好的基础。专业综合实习在通信工程专业大学生总体培养目标中占有重要地位。

我校的通信工程专业有自己的特色,经过多年的沿革和发展,较多地融入了地学信息处理、地球物理仪器设备和地学信号处理等学校烙印。国内目前没有针对这一应用背景的实习教材,我们组织近年长期参与实习的专业指导老师,将各自研究课题和经典的实习题目汇总提炼,编写适合学生动手实践及深度掌握专业知识的实习教材,以便学生的学习和使用。本书内容主要涉及6个方面:深度强化学习与数据分析、模式识别与遥感图像处理、现代图像处理与深度学习、虚拟现实与智能信息处理、CC08交换设备编码及通信、微弱信号采集与自适应处理。本书的优点是充分结合指导老师的科研课题,将其分解成一个个的小题目,同时方向较多,可提供给学生更多的兴趣爱好选择。

本书引用了相关专家学者的著作和研究成果,在此表示衷心的感谢。同时感谢中国地质大学(武汉)实验室与设备管理处的实验教材项目资助,感谢中国地质大学出版社的领导和编辑老师,为本书提出了指导意见并付出了辛勤的劳动。

本书由郝国成、赵娟、马丽、侯强、刘勇和郭金翠编写,共分6章,赵娟编写了第一章,马丽编写了第二章,侯强编写了第三章,刘勇编写了第四章,郭金翠编写了第五章,郝国成编写了第六章。全书由郝国成负责统稿。

由于编著者水平有限,书中的错误和疏漏在所难免,殷切希望各位专家、读者予以批评指正。

编著者
2022年9月于武汉

目 录

第一章 数据分析应用基础 ……………………………………………………… (1)

 第一节 概 述 ………………………………………………………………… (1)

 第二节 数据分析理论基础 …………………………………………………… (1)

 第三节 数据分析技术应用 …………………………………………………… (1)

第二章 基于迁移学习的遥感图像分类算法 …………………………………… (3)

 第一节 实习目的和要求 ……………………………………………………… (3)

 第二节 实习任务和内容 ……………………………………………………… (4)

 第三节 技术路线和原理分析 ………………………………………………… (4)

第三章 图像与信号处理方向 …………………………………………………… (21)

 第一节 "最优阈值"与"区域生长"图像分割算法比较 ………………… (21)

 第二节 GMM_EM 与 Mean_Shift 图像分割算法比较 …………………… (22)

 第三节 反演法的应用 ………………………………………………………… (23)

 第四节 接受-拒绝抽样法的应用 …………………………………………… (36)

 第五节 非参数 Parzen 窗密度估计 ………………………………………… (46)

第四章 虚拟现实与智能信息处理 ……………………………………………… (50)

 第一节 虚拟现实概述 ………………………………………………………… (50)

 第二节 虚拟现实技术基础 …………………………………………………… (50)

 第三节 基于 Unity 3D 的 VR 系统构建 …………………………………… (53)

 第四节 智能信息概述 ………………………………………………………… (54)

 第五节 智能信息理论基础 …………………………………………………… (54)

 第六节 智能信息的数据处理实例 …………………………………………… (56)

第五章 电话用户间通信编码及实现 …………………………………………… (60)

 第一节 CC08 电话交换设备介绍 …………………………………………… (60)

 第二节 CC08 交换设备本局通信编码及实现 ……………………………… (62)

 第三节 CC08 交换设备出局自环通信编码及实现 ………………………… (65)

 第四节 固定用户与移动用户通信编码及实现 ……………………………… (68)

第六章 微弱信号采集与信号自适应处理 ……………………………………（70）

第一节 微弱信号采集概述 ………………………………………………（70）
第二节 微弱信号采集技术介绍 …………………………………………（71）
第三节 微弱信号的检测提取实习内容 …………………………………（73）
第四节 微弱信号采集系统硬件总体设计实习内容 ……………………（81）
第五节 采集系统硬件电路设计实习内容 ………………………………（82）
第六节 信号自适应处理方面的实习内容 ………………………………（87）

主要参考文献 …………………………………………………………………（121）
附录：关于图像分割算法评价的补充 ………………………………………（122）

第一章　数据分析应用基础

第一节　概　述

数据分析是为了提取有用信息和形成结论而对数据加以详细研究和概括总结的过程。它使用适当的统计分析方法对收集来的大量数据进行分析，并将数据加以汇总和理解，以求最大化地开发数据的功能，发挥数据的作用。

本次实习力图使学生掌握数据分析基础理论，并将其应用于实际的工程问题中。

第二节　数据分析理论基础

机器学习是大数据分析的组成部分之一，它使用算法和统计信息来理解提取的数据。本次实习首先需掌握机器学习的基础理论，并分别基于传统机器学习算法和深度学习算法来解决实际问题。

传统机器学习算法通过大量的工程技术和专业领域知识手工设计特征提取器，使用的分类模型（如 K 近邻、逻辑回归、朴素贝叶斯、SVM 等）大多是浅层结构。深度学习算法将原始数据通过深层、非线性的神经网络，得到更高层次、更加抽象的表达，以端到端的方式完成数据特征的提取和分类。同时，受益于计算力的提升和数据量的增加，深度学习能够发现数据中的复杂结构，在众多领域得到了成功应用。

实习开始前，请参照指导老师提供的视频资料进行相关基础理论的学习。

第三节　数据分析技术应用

一、实习任务与数据

实习任务来自数据城堡平台上的练习赛——轴承故障检测训练赛。轴承是在机械设备中具有广泛应用的关键部件之一。由于过载、疲劳、磨损、腐蚀等因素，轴承在机器操作过程中容易损坏，超过 50% 的旋转机器故障与轴承故障有关。滚动轴承故障可能导致设备剧烈摇晃，造成设备停机，生产停止，甚至造成人员伤亡。一般来说，早期轴承弱故障的原因是复杂的，且难以检测。因此，轴承状态的监测和分析非常重要，它可以发现轴承的早期弱故障，避免由于故障造成损失。本次实习需学生使用数据分析技术分析轴承信号，进而判断轴承的工作状态。

轴承有外圈故障、内圈故障和滚珠故障 3 种故障以及正常的工作状态,结合轴承的 3 种直径(直径 1、直径 2、直径 3),轴承的工作状态总有 10 类(表 1-1)。

表 1-1 轴承的工作状态

	外圈故障	内圈故障	滚珠故障	正常
直径 1	1	2	3	
直径 2	4	5	6	0
直径 3	7	8	9	

这 10 类轴承状态的训练集数据与测试集数据由指导老师提供,为.csv 文件。

二、实习评分标准

实习评分标准采用各个品类 F1 指标的算术平均值,它是 Precision 和 Recall 的调和平均数。

三、具体实现过程

数据分析流程如图 1-1 所示。

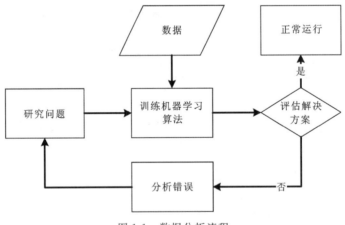

图 1-1 数据分析流程

第二章　基于迁移学习的遥感图像分类算法

　　遥感图像地物分类是指利用获取的遥感信息对地物所属类别进行识别，它的分类结果可以清晰反映地物的空间分布，帮助人们进行专题地图的制作，便于人们从中认识和发现规律，辅助决策。地物分类在农业监测、土壤调查、矿物填图以及城市环境监测等方面都有重要的应用。

　　随着遥感卫星数目的增多和重访周期的缩短，我们可以获得大量的地面遥感图像，在遥感图像分类中，标记样本的获取非常困难，需要花费大量的人力、物力和财力。因此，如何在标记样本缺乏的情况下进行遥感图像的分类，特别是在标记样本不存在的情况下进行遥感图像的全自动分类具有重要研究意义。对于这种分类问题，从相关图像中"借用"已有知识（标记样本）是一种有效的解决方法。例如一幅图像已经有足够多的标记样本，如果能够重新利用这些旧的知识（标记样本）对新的图像进行分类，新图像就可以达到自动分类的效果。那么如何重新利用这些旧的标记样本呢？如果利用传统分类器，将旧图像中的标记样本作为训练数据，对新图像（测试数据）进行分类，分类效果通常不好。传统分类器假设训练数据和测试数据具有相同的数据分布，而在不同时间或者不同区域拍摄的遥感图像中，地物的光谱特征会发生变化（这些差异是由植被密度和组成、土壤水分、地形或照明变化以及太阳高度角变化等因素造成的），这使得训练数据和测试数据的分布变得不同。因此，传统分类算法不再适用。

　　迁移学习是运用已有的知识对不同但是相关领域问题进行求解的一种机器学习算法，目的是把已有知识迁移到新领域，学习一个适用于新领域数据的分类器，使其能够解决训练数据和测试数据分布不同的分类问题。因此，对缺乏标记样本的遥感图像进行分类，迁移学习可以有效利用已有的相关遥感图像中的知识，是一种有效的分类算法。在分类问题中，已有的具有充分标记样本的数据称为源域数据，缺乏标记样本的待分类数据称为目标域数据。

第一节　实习目的和要求

　　实习目的是在传统机器学习算法的基础上，针对训练数据和测试数据分布不同的问题，采用迁移学习算法实现遥感图像分类。实习要求是看懂基于类心和协方差矩阵对齐的迁移学习算法，采用 MATLAB 或 PYTHON 编程语言将算法实现，并对遥感图像进行分类。

第二节 实习任务和内容

实习任务是采用基于类心和协方差矩阵对齐的迁移学习算法,进行遥感图像分类。类心代表地物的平均光谱属性,协方差矩阵代表各个波段自身的光谱变化和波段与波段之间的相关性。此外,不同的类别可能具有不同的光谱漂移,因此针对各个类别进行类心和协方差的对齐,称作类心和协方差对齐(class centroid and covariance alignment,CCCA)算法。

CCCA 算法按照类别对齐各类类心和协方差,因此,需要为各个类别估计两个统计量。在源域中,数据包含标记信息,因而可以容易地估计出各类的类心和协方差矩阵。目标域数据缺乏标记信息,因此可以使用预测标签来估计这两个统计量。然而,由于光谱漂移,使用源域标签数据训练得到的分类器对目标域数据进行分类得到的分类精度可能非常低,造成类心和协方差矩阵的估计和真实情况相差较大,使得对齐算法失效。所以,在应用 CCCA 之前,采用整体中心对齐(overall centroid alignment,OCA)算法,提高目标域数据预测的准确性。OCA 算法分别估计源域数据和目标域数据的中心,通过将所有源域数据按照中心差的方向向目标域移动,进而对齐源域数据和目标域数据的中心。两个域数据中心之间的差异能够表征两个域之间的总体光谱漂移,所以 OCA 算法也是一种迁移学习算法。OCA 算法不需要目标域预测标签,因此适合用于 CCCA 算法之前来提高目标域预测精度。将 OCA 和 CCCA 联合的算法称为 OCA_CCCA 算法。

在遥感图像分类问题中,空间信息的使用能够减少分类图中的椒盐噪声,显著提高分类效果。图像邻接像素属于同种地物的可能性高,因此对目标域图像进行空间滤波,用每个像素所在的空间邻域的平均光谱来代替该像素光谱特征。该空间滤波方法能够减小数据类内的光谱变化,提高类别间的可分性,提高目标域数据的分类精度。将结合空间信息的 OCA_CCCA 算法表示为 Spa_OCA_CCCA 算法。

第三节 技术路线和原理分析

Spa_OCA_CCCA 算法的流程如图 2-1 所示。算法首先对目标域数据进行空间平滑预处理,其次将全体源域数据和目标域数据进行整体中心对齐(OCA)(粗略对齐),然后对各个类别数据进行类心和协方差对齐(CCCA)(精细对齐),最后用变换后的源域数据训练支持向量机(support vector machine,SVM)分类器对目标域数据进行预测,重复 CCCA 直至预测结果平稳,此时算法收敛。

第二章 基于迁移学习的遥感图像分类算法

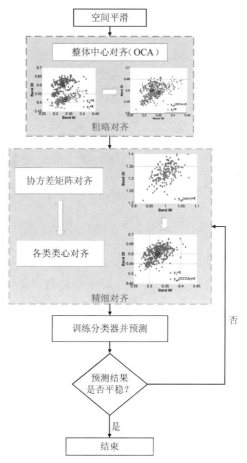

图 2-1 Spa_OCA_CCCA 算法流程图

一、数据平滑和整体中心对齐

1. 数据平滑

对于遥感图像，来自相同类别的像素可以具有不同的光谱特征，来自不同类别的像素也可以具有相似的光谱。因此，基于像素的分类可能产生"噪声"。我们利用简单的空间滤波方法来将空间信息结合到所提出的迁移学习算法中，它能够减少类内差异并增加类间距离，也可以排除单个像素点的光谱特征所受的噪声干扰。由于图像中的空间近邻点往往来自相同类别，我们用空间邻域中所有像素的平均光谱来代替该像素。通常，空间邻域由具有固定大小的窗口提取，然而，当像素落在不同土地覆盖类型的边界上时，固定窗口可能将来自不同类别的像素包含进去。因此，我们希望为每个像素定义自适应窗口。

图 2-2 为一种空间信息提取的例子，对于像素点 x，它 3×3 窗口内的空间近邻包括 8 个像素 $x_1,\cdots,x_8$，它们与 x 具有相同标签的可能性很大。用 $\boldsymbol{X}=[x_1,x_2,x_3,x_4,x,x_5,x_6,x_7,$

x_8]来表示像素点 x 的空间邻域(包含 x 本身),光谱信息得到了丰富,x 得到了更好的描述,因此空间信息被广泛用于遥感图像的分类,以进一步提高分类结果。用窗口来提取空间信息的方法(窗口大小可以是 3×3、5×5 等),是简单且常用的空间信息提取方法。

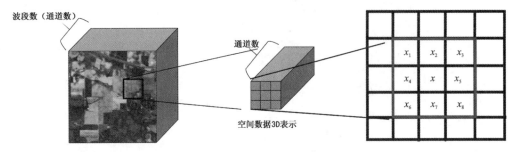

图 2-2　基于窗口的空间信息提取方法

当像素处于两个类别的边界,基于窗口的空间近邻提取方法可能提取到不同类别的样本点,不能达到自适应的效果,因此,我们采用了一种流行的自适应邻域策略,称为自适应形态邻域(adaptive morphology neighborhood,AMN)。对于 AMN 的构造,使用区域滤波方法来提取自适应连接的平坦区。在区域滤波之后,图像被分割成许多标记的平坦区域,平坦区域是具有恒定灰度级的连接区域。对于像素 x,其 AMN 被定义为 x 所位于的平坦区域。在图像大的均匀区域中,AMN 的面积可能非常大,从而增加了计算负担。因此,我们将 AMN 和具有固定大小的平方窗口组合以提取空间邻域。对于像素 x,新的 AMN 被定义为以 x 为中心的平方窗口和原始 AMN 的交集区域。在自适应的空间邻域提取方法中有两个自由参数,一个是 AMN 中的参数 L,它用于控制 AMN 平坦区域的像素大小,另一个参数是窗口大小 W。

图 2-3 展示了窗口和 AMN 相结合的自适应邻域提取过程。图中阴影区域代表同一分割块,窗口内的样本点为以 x 为中心,取 3×3 的窗口得到空间近邻 $\boldsymbol{X}=[x_1,x_2,x_3,x_4,x,x_5,x_6,x_7,x_8]$,将分割结果和由窗口得到的空间近邻相结合得到新的空间近邻 $\boldsymbol{X}^*=[x_1,x_2,x_3,x_4,x,x_5,x_6,x_7]$。我们认为 $\boldsymbol{X}^*$ 能更好地描述 x,因为它们同处于同一平坦区域和窗口中,具有更高的相似性,属于同一类别的概率更高。

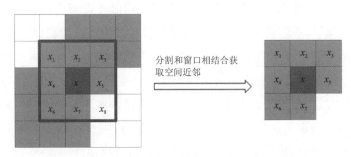

图 2-3　基于分割和窗口相结合的空间信息提取方法

得到空间近邻后,我们对目标域每个样本点做平滑处理,即将目标域中每个样本 x 的光谱用其空间近邻的平均光谱代替,表示为 $x^* = \sum_{i=1}^{k} x_i \div k$,其中 k 是空间近邻的数量。这样可以缩小类内距离,同时扩大类间距离,特别是对处于两个类别边界的样本点,该处理可以使它们更加靠近类心,从而提高目标域样本的可分性。以 BOT(博茨瓦纳)5 月数据第 3、6 类为例,图 2-4 展示了对该数据进行平滑处理的效果,其中图 2-4(a)为平滑处理前第 3、6 类样本散点分布图,菱形样本代表目标域第 3 类,圆形样本代表目标域第 6 类。从图中可以看出,这两类样本在某些区域交叠较为严重,如果直接对其进行分类,效果通常不好,而基于空间近邻的平滑处理能够提高目标域数据的可分性,在不改进分类器性能的前提下提高分类精度。图 2-4(b)展示了对这两类样本进行平滑处理后的效果图,可以看出,原先交叠的部分得到了很大改善,类与类之间的距离得到扩大,而同类样本点之间的距离缩小了。

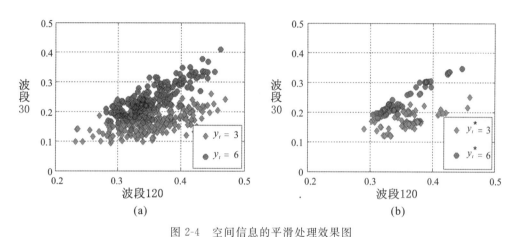

图 2-4 空间信息的平滑处理效果图
(a)平滑前 BOT 数据第 3、6 类样本散点分布图;(b)平滑后的散点分布图

空间滤波是对 OCA_CCCA 方法的预处理操作,它可以进一步提高目标域数据的分类效果,提高类心和协方差矩阵估计的准确性。

2. 整体中心对齐

我们用 $u^s = \frac{1}{N}\sum_{i=1}^{N} X_i^s$ 来表示源域数据的中心,用 $u^t = \frac{1}{M}\sum_{i=1}^{M} X_i^t$ 来表示目标域数据的中心。两个域之间的平均光谱漂移可以表示为

$$d = u^s - u^t \tag{2-1}$$

将所有源域数据向目标域移动来实现整体中心对齐,移动方向为 d。因此移动后的源域数据更新为

$$X_{(OCA)}^{st} = X^s - d \tag{2-2}$$

变换后,源域数据新的整体中心和目标域数据的整体中心相等。

$$u^{st}_{(\text{OCA})} = \frac{1}{N}\sum_{i=1}^{N} x^{st}_{i\ (\text{OCA})} = \frac{1}{N}\sum_{i=1}^{N}(x^s_i - d) = \frac{1}{N}\sum_{i=1}^{N} x^s_i - \frac{1}{N}\sum_{i=1}^{N} d \quad (2\text{-}3)$$
$$= u^s - d = u^s - (u^s - u^t) = u^t$$

图 2-5 展示了将 OCA 算法作用于 Hyperion 数据的结果,其中源域数据为 6 月在 BOT 区域获取的高光谱遥感图像,目标域为 5 月在邻近地区获取的遥感图像。该高光谱数据包含 9 个地物类别,我们采用第 1 类和第 5 类来说明问题。如图 2-5 所示,圆圈黑点表示类心。图 2-5(a)、(b) 展示了在 OCA 之前和之后的第 1 类样本数据在第 10、80 波段上的散点图,整体中心对齐之前,由于光谱漂移,两个数据集的类心彼此分离。图 2-5(c)、(d) 展示了 OCA 之前和之后的第 5 类样本数据在第 20、50 波段上的散点图,也可以获得相同的观察结果。图 2-5 表明了 OCA 算法在每个类别上也具有正迁移能力,各类之间的分布差异在一定程度上被缩小。但是,在 OCA 之后,两个数据集之间的分布仍然存在差异,如图 2-5(b)、(d) 所示,源域数据和目标域数据类心的位置并未重合。对于第 1 类样本,在 10 和 80 两个波段下目标域数据的方差远大于源域数据的方差,而对于第 5 类样本,源域数据在 20 和 50 两个波段之间的相关性大于目标域数据的相关性。

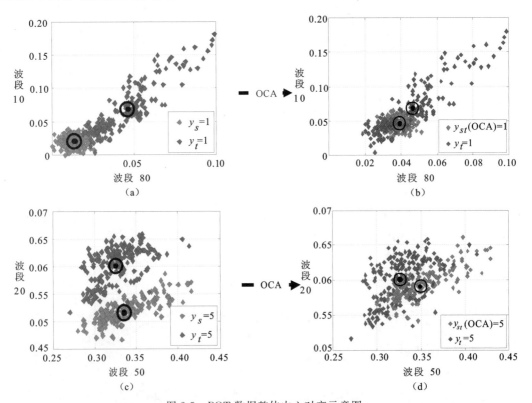

图 2-5 BOT 数据整体中心对齐示意图

(a)OCA 之前的第 1 类样本数据的散点图;(b)OCA 之后的第 1 类样本数据的散点图;(c)OCA 之前的第 5 类样本数据的散点图;(d)OCA 之后的第 5 类样本数据的散点图

二、类心和协方差对齐

由于不同类别所表现出的光谱漂移是不同的,各类的差异应当被分别度量,因此 CCCA 算法基于类别进行类心和协方差对齐。$X_{j(\text{OCA})}^{s}$、$u_{j(\text{OCA})}^{s}$ 和 $\Sigma_{j(\text{OCA})}^{s}$ 分别代表经过 OCA 后源域第 j 类的数据、类心以及协方差矩阵,X_{j}^{t}、u_{j}^{t} 和 Σ_{j}^{t} 分别代表目标域第 j 类的数据、类心以及协方差矩阵。

首先进行各类协方差对齐。对于每个类别,我们的目标是对齐后的源域数据的协方差矩阵等于目标域数据的协方差矩阵

$$\Sigma_{j(\text{cov})}^{s} = \Sigma_{j}^{t} \tag{2-4}$$

式中:$\Sigma_{j(\text{cov})}^{s}$ 代表对齐后的源域第 j 类数据的协方差矩阵。

矩阵 $P_j \in R^{D \times D}$ 被用于表示实现协方差对齐的变换矩阵,变换后的源域第 j 类数据 $X_{j(\text{COV})}^{s}$ 可以通过如下公式获得

$$X_{j(\text{cov})}^{s} = P_j X_{j(\text{OCA})}^{s}, j = 1, \cdots, C \tag{2-5}$$

对齐后的源域第 j 类数据 $X_{j(\text{cov})}^{s}$ 的协方差矩阵 $\Sigma_{j(\text{cov})}^{s}$ 可以被表示为

$$\begin{aligned}
\Sigma_{j(\text{cov})}^{s} &= (X_{j(\text{cov})}^{s} - u_{j(\text{COV})}^{s})(X_{j(\text{COV})}^{s} - u_{j(\text{COV})}^{s})^{\mathrm{T}} \\
&= (P_j X_{j(\text{OCA})}^{s} - P_j u_{j(\text{OCA})}^{s})(P_j X_{j(\text{OCA})}^{s} - P_j u_{j(\text{OCA})}^{s})^{\mathrm{T}} \\
&= P_j (X_{j(\text{OCA})}^{s} - u_{j(\text{OCA})}^{s})(X_{j(\text{OCA})}^{s} - u_{j(\text{OCA})}^{s})^{\mathrm{T}} P_j^{\mathrm{T}} \\
&= P_j \Sigma_{j(\text{OCA})}^{s} P_j^{\mathrm{T}}
\end{aligned} \tag{2-6}$$

式中:$u_{j(\text{cov})}^{s}$ 代表协方差对齐后的源域第 j 类数据类心。

通过式(2-4)和式(2-6)可以得到

$$P_j \Sigma_{j(\text{OCA})}^{s} P_j^{\mathrm{T}} = \Sigma_{j}^{t} \tag{2-7}$$

变换矩阵的解析解可以通过如下公式计算得到

$$P_j = {\Sigma_{j}^{t}}^{\frac{1}{2}} {\Sigma_{j(\text{OCA})}^{s}}^{-\frac{1}{2}} \tag{2-8}$$

如果某类样本的数目小于光谱维数,该类的协方差矩阵 $\Sigma_{j(\text{OCA})}^{s}$ 不可逆,这种情况下可以通过伪逆的方式进行求解。图 2-6 与图 2-7 展示了对图 2-5 中 OCA 作用后的数据进行协方差对齐的结果。图 2-6(a)、(b)分别代表经过 OCA 后的源域和目标域第 1 类样本数据散点图,从图中可以看出,两个数据集的方差明显不同。图 2-6(c)表示经过协方差对齐后的源域第 1 类样本数据散点图,从图中可以看出,变化后的源域数据的各波段方差和波段之间的相关性与目标域数据的波段方差相匹配[图 2-6(b)]。我们将协方差对齐后的源域数据与目标域数据表示在同一幅图中,如图 2-6(d)所示,虽然数据集的协方差矩阵对齐了,但是两个数据集的类心仍然相差很远。因此,有必要进行类心对齐。图 2-7 显示了第 5 类样本数据的协方差对齐效果,可以获得类似的结论。

类心对齐旨在对齐源域和目标域各类的平均光谱。经过协方差对齐后的源域第 j 类数据的类心可以表示为 $u_{j(\text{cov})}^{s}$,它和目标域第 j 类数据的类心并不接近,因此我们进一步对源域数据进行变换以达到各类类心匹配的目的。源域和目标域第 j 类的光谱变化可以通过类心

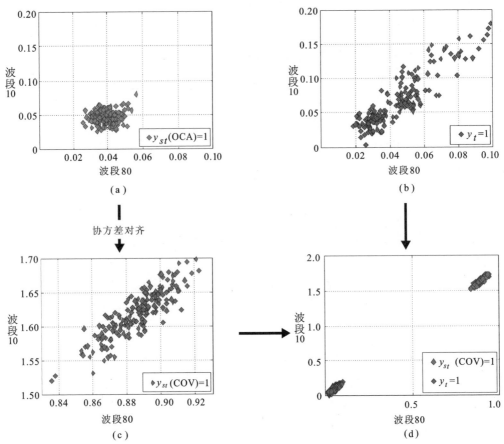

图 2-6 BOT 数据第 1 类样本数据协方差对齐效果图

(a)OCA 后源域数据散点图;(b)OCA 后目标域数据散点图;(c)协方差对齐后源域
数据的散点图;(d)协方差对齐后源域数据和目标域数据散点图

差 d_j 来表示。

$$d_j = u_{j(\text{cov})}^{st} - u_j^t, j=1,\cdots,C \tag{2-9}$$

用 $X_{ij(\text{cov})}^{st}$ 表示经过协方差对齐后的源域第 j 类样本中的第 i 个点,它将按照 d_j 的方向向目标域移动,移动后的光谱特征为

$$X_{ij(\text{CCCA})}^{st} = X_{ij(\text{cov})}^{st} - d_j \tag{2-10}$$

将所有源域数据按照其所属类心差的方向移动到目标域后可以得到

$$\begin{aligned} u_{j(\text{CCCA})}^{st} &= \frac{1}{N_j^s}\sum_{i=1}^{N_j^s} x_{ij(\text{CCCA})}^{st} = \frac{1}{N_j^s}\sum_{i=1}^{N_j^s}(x_{ij(\text{cov})}^{st} - d_j) = \frac{1}{N_j^s}\sum_{i=1}^{N_j^s} x_{ij(\text{cov})}^{st} - \frac{1}{N_j^s}\sum_{i=1}^{N_j^s} d_j \\ &= u_{j(\text{cov})}^{st} - d_j = u_{j(\text{cov})}^{st} - (u_{j(\text{cov})}^{st} - u_j^t) = u_j^t \end{aligned} \tag{2-11}$$

式中:N_j^s 表示源域第 j 类数据的样本点数目。

类心对齐后,源域数据各类类心与目标数据同类类心相重合。经过类心对齐后的源域各类协方差矩阵并未发生改变,且之前进行的协方差对齐不受类心对齐的影响。

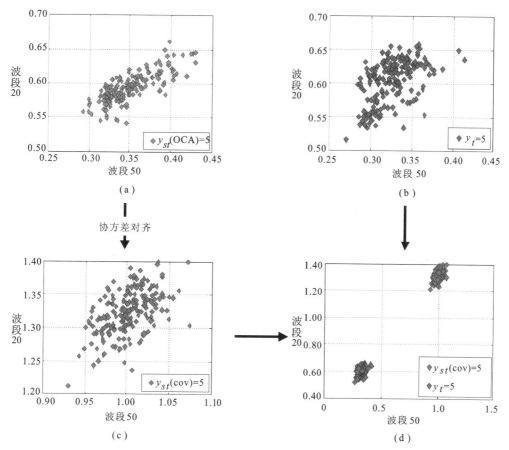

图 2-7 BOT 数据第 5 类样本数据协方差对齐效果图

(a)OCA 后源域数据散点图；(b)OCA 后目标数据散点图；(c)协方差对齐后源
域数据的散点图；(d)协方差对齐后源域数据和目标数据散点图

从图 2-6 与图 2-7 中可以看出,协方差对齐后,虽然源域和目标域同类数据之间的方差一致了,但是类心之间的距离仍然相差较大,分布没有达到一致,因此类心对齐算法被用于缩小类心之间的距离,其过程如图 2-8 所示。我们将源域数据按照类心差的方向向目标域进行移动,如图 2-8(a)、(c)中箭头所示。类心对齐后的结果如图 2-8(b)、(d)所示,源域数据和目标域数据的分布一致,实现了类心和协方差矩阵对齐。

由于变换后的源域数据与目标域数据同分布,因此它们可以共享同一分类器。我们使用变换后的源域数据训练新的 SVM 分类器,然后对目标域数据进行预测。值得注意的是,目标域初始类心和协方差矩阵的估计使用 OCA 之后的预测标签,经过类心和协方差对齐(CCCA)后,预测标签更加准确,进一步改善了估计准确度。因此,我们重复 CCCA 步骤,在每次迭代中使用更新的类心和协方差矩阵以及预测结果。

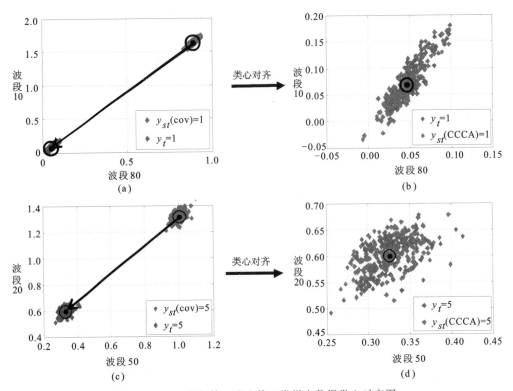

图 2-8 BOT 数据第 1 类和第 5 类样本数据类心对齐图

(a)协方差对齐后源域第 1 类样本数据和目标域第 1 类样本数据散点图;(b)类心和协方差对齐后源域第 1 类样本数据和目标域第 1 类样本数据散点图;(c)协方差对齐后源域第 5 类样本数据和目标域第 5 类样本数据散点图;(d)类心和协方差对齐后源域第 5 类样本数据和目标域第 5 类样本数据散点图

三、具体实现过程

结合空间信息的类心和协方差对齐算法包括基于空间信息的目标域数据平滑预处理,整体中心对齐,类心和协方差对齐。算法步骤如下所示。

输入:源域数据 $X^s \in R^{D \times N}$ 及其标签 $Y^s \in R^{1 \times N}$,目标域无标签数据 $X^t \in R^{D \times M}$,其中 D 代表维度,N 是源域数据数目,M 是目标域数据数目。

步骤一:基于空间近邻的平滑预处理

1. 利用 AMN 方法获得每个数据点的自适应邻域。
2. 通过组合 AMN 邻域和具有固定大小的平方窗口来提取每个点的空间邻域。
3. 计算每个数据点邻域的平均光谱,并将其作为空间滤波结果。

步骤二:整体中心对齐

1. 分别计算源域和目标域的平均光谱。
2. 将源域数据 X^s 按照式(2-1)计算的方向向目标域移动,并且通过式(2-2)获得更新后的源域数据 $X^s_{(OCA)}$。
3. 利用更新后的源域数据 $X^s_{(OCA)}$ 训练 SVM 分类器,并获得目标域数据 X^t 的预测结果 Y^t。

步骤三：类心和协方差对齐

1. 设置迭代索引 $l=1$，预测结果 $Y^{t(l)}=Y^t$，更新后的源域数据 $X^s_{(OCA)}=X^{s(l)}$。

2. 设置 $l=l+1$，并进行协方差对齐。

   (1) 分别计算源域数据 $X^{s(l-1)}$ 和目标域数据 X^t 中各个类别的协方差矩阵，其中预测标签 $Y^{t(l-1)}$ 被用来估计目标域各类的协方差矩阵。

   (2) 通过式(2-8)来计算各类的变换矩阵，并利用式(2-5)获得变换后的源域数据 $X^s_{(COV)}$。

3. 类心对齐。

   (1) 根据源域数据 $X^s_{(COV)}$ 和目标域数据 X^t 计算各类类心，其中预测标签 $Y^{t(l-1)}$ 被用于估计目标域各类类心。

   (2) 将源域数据 $X^s_{(COV)}$ 按照式(2-9)向目标域移动，根据公式(2-10)获得更新后的源域数据，并设置 $X^{s(l)}=X^s_{(CCCA)}$。

4. 用更新后的源域数据 $X^{s(l)}$ 训练 SVM 分类器，得到对目标域数据的预测结果 $Y^{t(l)}$。

5. 重复步骤二至步骤四直到收敛，预测 $Y^{t(l)}$ 稳定。

输出：目标域数据 X^t 的预测标签 $Y^{t(l)}$。

四、结果及分析

1. 实验数据介绍

为了验证算法的有效性，本书采用 5 种不同的遥感图像进行实验(包含高光谱遥感图像和多光谱遥感图像)。其中，2 种是多时相遥感图像，另外 3 种是单时相遥感图像。多时相遥感图像数据由不同的卫星拍摄获得，第一种为星载土卫七(Hyperion)高光谱影像，由 NASA EO-1 号卫星拍摄获得。该数据于 2001 年 5 月、6 月和 7 月在 BOT 地区采集，其中 6 月和 7 月图像数据来自同一地区，5 月图像数据来自邻近地区。Hyperion 获取的高光谱图像包含 242 个波段，光谱范围是 357~2576nm，具有 10nm 的光谱分辨率和 30m×30m 的空间分辨率。我们去除未校准波段、噪声波段以及光谱重叠波段，剩余 145 个波段可用。该地区包括湿地和高地两个生态系统，3 幅遥感图像具有 9 个相同的地物类别，如表 2-1 所示。图 2-9 为 BOT 地区 5 月、6 月和 7 月数据的伪彩色图像显示及其地面真实标签信息。

表 2-1 BOT 地区影像标记样本名称与数目

BOT 地区				
类号	类名	5 月	6 月	7 月
1	水	158	195	185
2	洪泛区	228	192	96
3	河岸	237	179	164
4	火疤	178	196	186
5	岛屿内部	183	197	131
6	林地	199	218	169

续表 2-1

BOT 地区				
类号	类名	5月	6月	7月
7	稀树草原	162	189	171
8	低矮阔叶树草原	124	166	152
9	裸土	111	156	96

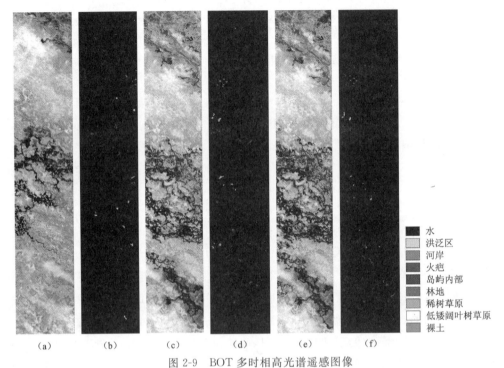

图 2-9 BOT 多时相高光谱遥感图像

(a)5 月影像；(b)5 月标签；(c)6 月影像；(d)6 月标签；(e)7 月影像；(f)7 月标签

第二种多时相遥感数据是 Worldview-2 卫星分别于 2011 年 7 月和 2012 年 7 月在中国武汉同一地区获取的多光谱遥感图像。该数据具有 1.8m×1.8m 的空间分辨率，并且具有包括红色、绿色、蓝色、近红外、沿海、黄色、近红外和红色边缘的 8 个波段。该图像包含 4 种地物类别，每个类别中的类名称和样本数量如表 2-2 所示。图 2-10 为 Worldview-2 多时相多光谱遥感数据的伪彩色图像及地物类别信息。

表 2-2 Worldview-2 影像标记样本名称与数目

Worldview-2			
类号	类名	2011年	2012年
1	森林	7914	7914
2	红房子	1267	1267
3	灰房子	1684	1684
4	白房子	1585	1585

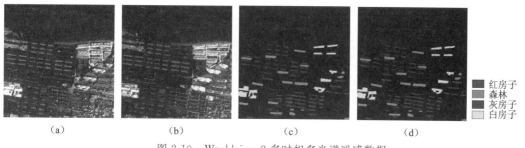

图 2-10 Worldview-2 多时相多光谱遥感数据

(a)2011 年图像；(b)2012 年图像；(c)2011 年标签；(d)2012 年标签

如果所选择的源域和目标域图像具有不同的数据分布，也可以使用单时相遥感图像来测试迁移学习算法的有效性。本章采用了 3 幅单时相高光谱遥感图像，并将其用于实验。数据一于 2013 年在 IEEE GRSS 数据融合大赛中发布。它由 NSF 资助的国家机载激光测绘中心(the national center for airborne laser mapping，NCALM)收集，并于 2012 年 6 月 23 日在休斯顿大学及其邻近地区获得。该图像具有 2.5m×2.5m 的空间分辨率，在 380～1050nm 的范围内有 144 个波段，同时拥有 349×1905 个像素，我们使用名称 grss_dfc_2013 来表示该图像。图像中有一个大的阴影区域，光谱在阴影下存在显著变化，因此该图像适用于评估迁移学习算法。我们在阴影区域内部和外部选择 4 种地物进行迁移学习。图 2-11 展示了该场景的伪彩色图像以及选定的源域图像和目标域图像标签信息，各类名称及其样本数目列于表 2-3 中。

图 2-11 grss_dfc_2013 单时相高光谱遥感数据

(a)grss_dfc_2013 伪彩色图像；(b)源域标签；(c)目标域标签

表 2-3 **grss_dfc_2013 影像标记样本名称与数目**

grss_dfc_2013			
类号	类名	阴影	非阴影
1	健康的草	178	875
2	干枯的草	158	906
3	高速公路	326	710
4	铁道	113	941

数据二是 KSC 数据,由 NASA AVIRIS 仪器于 1996 年 3 月 23 日在佛罗里达州的肯尼迪航天中心(KSC)采集,其光谱范围是 400～2500nm,拥有 10nm 的光谱分辨率和 18m×18m 的空间分辨率。该数据包含 224 个波段,除去水汽吸收波段和噪声波段之后,剩余 176 个波段用于分类实验。KSC 数据包含两幅空间不相邻的 AVIRIS 高光谱遥感图像,它们由水、高地、林地和低地沼泽组成,将其分别命名为 KSC1 和 KSC2。两幅图像空间上不相邻,因此对同种地物存在光谱漂移。此外,该地区不同类别地物之间相互混合,并且某些植被类型之间的光谱特征较为相似,使得对该地区数据的分类变得更加困难。该图像的伪彩色图像及其标记信息如图 2-12 所示,其包含的标记类别名称以及数量如表 2-4 所示。

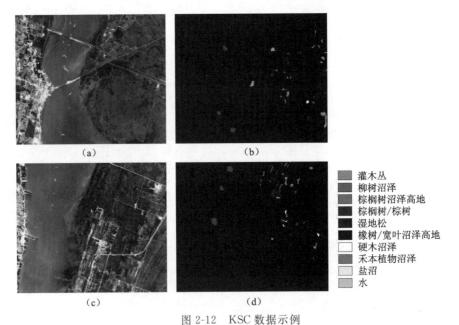

图 2-12 KSC 数据示例

(a)KSC1 伪彩色图像;(b)KSC1 标签;(c)KSC2 伪彩色图像;(d)KSC2 标签

表 2-4 KSC 高光谱影像标记样本名称及数量

序号	类别	KSC1	KSC2
1	灌木丛	761	422
2	柳树沼泽	243	180
3	棕榈树沼泽高地	256	431
4	棕榈树/橡树	252	132
5	湿地松	161	166
6	橡树/宽叶沼泽高地	229	274
7	硬木沼泽	105	248
8	禾本植物沼泽	431	453
9	盐沼	419	156
10	水	927	1392

数据三是 Pavia 数据,由 ROSIS3 号高光谱传感器于帕维亚地区拍摄获得,其光谱范围是 430~860nm,空间分辨率为 1.3m×1.3m。该数据包含 102 个波段,主要场景为城市环境。我们采取了图像中的建筑物、道路、阴影和植被 4 个类别进行迁移学习,由于建造房屋、道路所用的材料不同以及各种类别植被的存在使得该图像不同区域同种地物之间存在着较大的光谱差异。我们采集了图像中两个不相邻的子区域来进行迁移学习,其中源域图像包含 150×176 个像素称为区域 1,目标域图像包含 300×300 个像素称为区域 2。该图像的伪彩色图像以及源域图像区域和目标域图像标签信息如图 2-13 所示,其类别名称以及数量如表 2-5 所示。

图 2-13 Pavia 数据示例

(a)Pavia 数据伪彩色图像;(b)源域标签(150×176 像素);(c)目标域标签(300×300 像素)

表 2-5 Pavia 高光谱影像标记样本名称及数量

Pavia			
序号	类别	区域 1	区域 2
1	道路	1800	4988
2	植被	2685	12 253
3	阴影	559	1136
4	建筑	278	2313

2. 迁移学习算法对比

实验一 不同迁移学习算法的分类结果比较

我们通过对比本章提出的结合空间信息的分布对齐算法(Spa_OCA_CCCA)、不迁移情况下的 SVM 分类器、半监督迁移成分分析算法(SSTCA)、子空间对齐算法(SA)、相关性对齐算法(CORAL),得出 5 种算法在 5 幅遥感图像上的总体分类精度(OA)以及卡帕(Kappa)系数。SVM 模型中的参数,采用交叉验证寻优获得;SSTCA 中我们取算法在权衡系数 $lammda$ $\{0, 0.000\ 01, 0.000\ 1, 0.001, 0.01, 0.1, 1, 10, 100, 1000\}$ 以及近邻数目 $k\{3, 5, 10, 50, 100, 150, 200, 300\}$ 最优情况下得到的实验结果;SA 算法为最优参数下获得的实验结果;CORAL 算法不涉及任何参数;Spa_OCA_CCCA 算法中涉及两个参数 L 和 W,它们分别是分割尺度参数和数据平滑预处理中的窗口大小参数。对于 BOT 数据,我们设置 $W=9, L=20$;对于 KSC 数据集,设置 $W=3, L=5$;对于 Pavia、Worldview2 和 grss_dfc_2013 数据,设置 $W=9, L=5$。

对于 BOT 数据，我们在 6 组数据对上进行实验，分别为 BOT56、BOT65、BOT57、BOT75、BOT67、BOT76。对于 Worldview2 数据，我们在两组数据对上进行迁移学习，分别为 2011-2012、2012-2011。对于 KSC 高光谱图像数据，我们分别将 KSC1 与 KSC2 作为源域和目标域，得到两组迁移学习数据对 KSC1-KSC2、KSC2-KSC1，同样地，我们将图像中所有的标签数据作为源域数据和目标域数据进行实验验证。对于 Pavia 数据，我们将区域 1 作为源域图像，区域 2 作为目标域图像进行迁移学习，表示为区域 1-区域 2。由于实验数据数量庞大，参数训练过于耗时，我们将区域 1 中标签样本的 40% 作为源域数据，区域 2 中 25% 的标签数据作为目标域数据进行迁移学习。对于 grss_dfc_2013 数据，阴影内和阴影外的区域分别被选作源域与目标域进行迁移学习，得到两组迁移学习数据对阴影-非阴影、非阴影-阴影。

表 2-6 列出了来自 5 个不同遥感传感器的 13 个数据对在 5 种算法下的总体分类精度（OA）和卡帕（Kappa）系数。通过对实验数据的分析，可以得到如下结论。

表 2-6　不同迁移学习算法在多幅遥感图像上得到的总体分类精度（OA）和卡帕（Kappa）系数

迁移学习场景	SVM		SSTCA		SA		CORAL		Spa_OCA_CCCA	
	OA/%	Kappa	OA/%	Kappa	OA/%	Kappa	OA/%	Kappa	OA/%	Kappa
BOT56	68.07	0.64	72.10	0.68	89.10	0.88	87.38	0.86	93.19	0.92
BOT65	48.47	0.43	61.90	0.57	77.66	0.75	73.16	0.70	94.18	0.93
BOT57	75.63	0.72	77.85	0.75	89.04	0.88	88.30	0.87	92.52	0.92
BOT75	58.35	0.53	65.44	0.61	76.77	0.74	71.01	0.67	88.99	0.88
BOT67	89.04	0.88	89.11	0.88	93.63	0.93	94.15	0.93	97.48	0.97
BOT76	87.62	0.86	87.32	0.86	92.54	0.92	92.36	0.91	96.80	0.96
阴影-非阴影	52.62	0.35	60.78	0.47	78.32	0.71	80.80	0.75	84.97	0.80
非阴影-阴影	63.48	0.47	72.90	0.60	87.61	0.83	64.77	0.55	92.90	0.90
2011-2012	74.05	0.65	89.07	0.85	84.00	0.79	92.38	0.90	91.87	0.89
2012-2011	67.76	0.57	82.62	0.77	80.20	0.57	93.01	0.91	92.37	0.90
区域 1-区域 2	45.68	0.29	84.24	0.72	82.28	0.63	91.52	0.85	88.38	0.78
KSC1-KSC2	62.38	0.54	65.83	0.58	67.31	0.60	57.27	0.49	74.26	0.69
KSC2-KSC1	64.69	0.60	65.41	0.60	60.47	0.55	61.18	0.55	73.89	0.70

(1) 与不迁移的 SVM 分类器相比，迁移学习算法如 SSTCA、SA、CORAL 和 Spa_OCA_CCCA 在总体精度上都有显著的提高，证明了以上迁移学习算法的有效性。

(2) 在所有数据集上，相较于 SSTCA、CORAL 和 SA，本章提出的 Spa_OCA_CCCA 算法能够获得更高的 OA，迁移学习效果更明显，证明了我们提出的算法的有效性，相较于已有迁移学习算法具有更强的迁移学习能力。

(3)在光谱漂移较为严重的情况下,如 BOT65、BOT75 以及 grss_dfc_2013 数据中的迁移学习场景,对比迁移学习算法如 SSTCA、CORAL 和 SA 出现瓶颈,OA 不能达到满意的精度,但是本章提出的 Spa_OCA_CCCA 算法仍然可以进一步提高 OA,使准确率达到 90% 以上。

(4)与未迁移的 SVM 分类器相比,Spa_OCA_CCCA 算法的分类结果出现了大幅度提高,其中 BOT65 场景下提高了 45.71%,BOT75 场景下提高了 30.64%。

(5)对于所有 13 个数据对,Spa_OCA_CCCA 算法在 8 个数据对上的 OA 高于 90%,3 个数据对上的 OA 范围为 80%~90%,证明了我们提出的 Spa_OCA_CCCA 算法具有较强的迁移学习能力和良好的泛化性。

实验二 Spa_OCA_CCCA 算法分析

Spa_OCA_CCCA 算法包括如下 3 个步骤:①基于自适应空间近邻的平滑预处理;②整体中心对齐;③类心和协方差对齐。为了逐一证明各个步骤的有效性,我们分析对比了如下 5 种算法:

(1)未迁移的 SVM 分类器。

(2)整体中心对齐 OCA。

(3)类心和协方差对齐 CCCA。

(4)整体中心对齐加类心和协方差对齐 OCA_CCCA。

(5)结合空间信息的 OCA_CCCA,即 Spa_OCA_CCCA。

表 2-7 展示了以上 5 种算法在 5 种遥感图像上的总体分类精度和卡帕系数,通过对实验结果的分析可以得出如下结论。

(1)与 SVM 分类器相比,OCA 在 12 组数据对上都实现了分类准确率的大幅度提高,证明了整体对齐在缩小源域与目标域数据分布差异上的有效性。它提高了目标域数据的伪标签准确率,对目标域类心估计和协方差矩阵的估计有十分重要的意义。特别指出的是在 KSC2-KSC1 迁移学习场景中,运用 OCA 算法后 OA 出现了降低,这是由于光谱漂移,某些数据类别出现了多维高斯分布,使得移动后的源域数据不能很好地对目标域数据进行有效分类,但这种情况极少。

(2)与 SVM 分类器相比,CCCA 的分类精度在绝大部分数据上明显提高,在初始分类准确率较低的情况下仍然能实现有效迁移,如 BOT65 和 BOT75,证明了类心和协方差对齐算法的有效性,但是更好的类心和协方差矩阵能进一步促进 CCCA 算法的效果,因此 OCA 作为预处理,提高了预测标签的准确性。

(3)OCA_CCCA 为 CCCA 与 OCA 算法的结合。实验结果表明,相较于 CCCA 和 OCA,OCA_CCCA 拥有更高的分类准确率,证明了将类心和协方差对齐算法与整体中心对齐算法相结合的有效性。

(4)在所有数据对上,Spa_OCA_CCCA 能获得最高的准确率,在 OCA_CCCA 的基础上,加入空间信息后 OA 仍然能够得到提高,证明了加入空间信息的有效性。特别是在 grss_dfc_2013 数据对阴影-非阴影的迁移学习场景中,与 OCA_CCCA 下 80.30% 的准确率相比,OA 提高了 4.93%。

表2-7 不同迁移学习算法在多幅遥感图像上得到的总体分类精度和卡帕系数

迁移学习场景	SVM		OCA		CCCA		OCA_CCCA		Spa_OCA_CCCA	
	OA/%	Kappa	OA/%	Kappa	OA/%	Kappa	OA/%	Kappa	OA/%	Kappa
BOT56	68.07	0.64	88.98	0.88	86.08	0.84	94.31	0.94	93.36	0.93
BOT65	48.47	0.43	76.96	0.74	68.35	0.64	89.62	0.88	93.29	0.92
BOT57	75.63	0.72	89.33	0.88	80.00	0.77	91.48	0.90	94.00	0.93
BOT75	58.35	0.53	76.14	0.73	71.01	0.67	88.16	0.87	88.99	0.88
BOT67	89.04	0.88	94.30	0.94	91.48	0.90	94.44	0.94	97.78	0.97
BOT76	87.62	0.86	91.47	0.90	92.30	0.91	92.83	0.92	96.80	0.96
阴影-非阴影	52.62	0.35	70.25	0.61	61.66	0.48	80.30	0.74	85.23	0.80
非阴影-阴影	63.48	0.47	89.03	0.85	65.68	0.51	91.74	0.89	92.90	0.90
2011-2012	74.05	0.65	77.61	0.63	86.61	0.82	88.70	0.85	91.87	0.89
2012-2011	67.76	0.57	79.30	0.72	87.93	0.84	91.08	0.88	92.37	0.90
区域1-区域2	45.68	0.29	82.26	0.63	75.30	0.57	85.16	0.72	88.38	0.78
KSC1-KSC2	62.38	0.54	65.18	0.58	73.53	0.68	73.43	0.68	74.26	0.69
KSC2-KSC1	64.69	0.60	59.59	0.54	73.84	0.70	72.60	0.68	73.89	0.70

第三章　图像与信号处理方向

第一节　"最优阈值"与"区域生长"图像分割算法比较

一、实习目的

(1)了解结构图像分割方法的数学描述。
(2)掌握基于阈值图像分割的3种方法(最小错误率法、最优阈值法、迭代阈值法)。
(3)掌握基于区域图像分割的3种方法(生长法、分裂法、水域法)。
(4)验收成果:最优阈值法与区域生长法的比较(分割质量与算法性能评价)。

二、实习要求

(1)熟练掌握实验所要求的几种方法。
(2)要求自己查阅相关资料,确定质量评价准则。
(3)成果示意图如图3-1所示,横坐标为同一幅图的不同分辨率数值,纵坐标为运行时间指标和质量评价的数值指标。

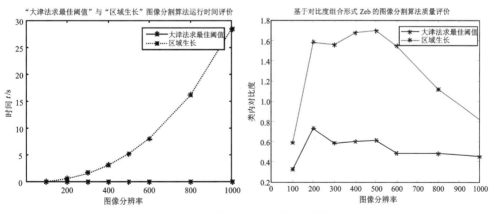

图3-1　实验报告提交的成果示意图(一)

(4)鼓励使用不同类型的图片。

三、算法比较建议

(1)质量评估准则,建议使用"最大类间方差"。

(2)性能评估准则,建议使用"不同分辨率下的计算时间"。

(3)鼓励大家创新地使用不同的评估准则,笔者提出的建议是最低要求。

(4)鼓励大家使用不同类型的图片进行算法的对比试验,如多光谱遥感、微波遥感、红外影像、医学影像、光学图片等。

四、实习内容

(1)写出实验目的。

(2)写出实验原理。

(3)写出程序源代码。

(4)将算法比较后的曲线图保存,并且对相应的结论进行分析。

第二节 GMM_EM 与 Mean_Shift 图像分割算法比较

一、实习目的

(1)了解聚类图像分割的数学描述。

(2)掌握密度估计的两种基本方法(最大似然法、Parzen 窗法)。

(3)掌握图像分割聚类法中的两种方法(GMM_EM、Mean_Shift)。

(4)验收成果:GMM_EM 法与 Mean_Shift 的算法比较(分割质量与算法性能评价)。

二、实习要求

(1)熟练掌握实验所要求的几种方法。

(2)要求自己查阅相关资料,确定质量评价准则。

(3)成果示意图如图 3-2 所示,横坐标为同一幅图的不同分辨率数值,纵坐标为质量评价的数值指标。

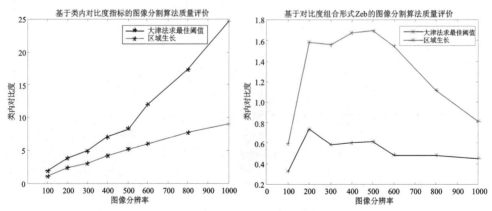

图 3-2 实验报告提交的成果示意图(二)

(4)鼓励使用不同类型的图片。

三、算法比较建议

(1)分割质量评估准则,建议使用"最大类间方差"。
(2)算法性能评估准则,建议使用"不同分辨率下的计算时间"。
(3)鼓励大家创新地使用不同的评估准则,笔者提出的建议是最低要求。
(4)鼓励大家使用不同类型的图片进行算法的对比试验,如多光谱遥感、微波遥感、红外影像、医学影像、光学图片等。

四、实习内容

(1)写出实验目的。
(2)写出实验原理。
(3)写出程序源代码。
(4)将算法比较后的曲线图保存,并且对相应的结论进行分析。

第三节 反演法的应用

一、实习目的

利用反演法(the inversion method)画出表3-1中6种常用的密度分布图。

表3-1 密度分布

名称	密度	分布函数	随机变量
Exponential	$e^{-x}, x>0$	$1-e^{-x}$	$\lg(1/U)$
Weibull$(a), a>0$	$a x^{a-1} e^{-x^a}, x>0$	$1-e^{-x^a}$	$\lg(1/U)^{1/a}$
Gumbel	$e^{-x} e^{-e^{-x}}$	$e^{-e^{-x}}$	$-\lg\lg(1/U)$
Logistic	$1/(2+e^x+e^{-x})$	$1/(1+e^{-x})$	$-\lg[(1-U)/U]$
Cauchy	$1/[\pi(1+x^2)]$	$1/2+(1/\pi)\arctan x$	$\tan(\pi U)$
Pareto$(a), a>0$	$a/x^{a+1}, x>1$	$1-1/x^a$	$1/U^{1/a}$

二、实习要求

广义的反演是指能够模仿人类智能的计算机程序系统的人工智能系统,具有学习和推理的功能,如专家系统、人工神经网络系统等。

本章的反演方法建立在连续累积观测的基础上,分布函数(CDF)在区间(0,1)上均匀分布。利用反演法绘制目标密度分布的图像,反演绘制密度分布流程图如图 3-3 所示。

三、实习内容

(一)Exponential(指数)分布

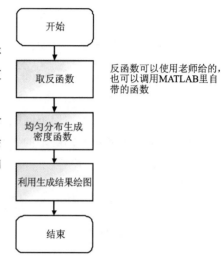

图 3-3 反演绘制密度分布流程图

1. 基本介绍

在概率理论和统计学中,指数分布(也称负指数分布)是描述泊松过程中的事件之间的时间的概率分布,即事件以恒定平均速率连续且独立发生的过程。这是伽马分布的一个特殊情况。它是几何分布的连续模拟,具有无记忆的关键性质。除了用于分析泊松过程外,还可以在其他各种环境中找到。

2. MATLAB 代码

```
1.%% 程序信息
2.% 程序名称:exponential 的概率密度绘制 (λ= 1)
3.% 编写人:刘晗博
4.% 时间:2021- 01- 02
5.clear
6.clc
7.%% 声明符号函数 y= e^(- x),变量为 x
8.syms x
9.y = exp(- x);
10.
11.%% 计算反函数
12.g = finverse(y,x);
13.
14.%% 生成均匀分布
15.rand_number =  unifrnd(0,1,[1,10000]); %  n 以正整数为分量的二维行向量
16.result_one =  subs(g,x,rand_number);
17.Calculate_result = double(result_one);
```

```
18.
19.%% 绘制直方图
20.h = histogram(Calculate_result,50,'Normalization','pdf');
21.hold on;
22.
23.%% 绘制理论曲线
24.variable = linspace(h.BinEdges(1),h.BinEdges(end));
25.result_two = subs(y,x,variable);
26.Theoretical_results = double(result_two);
27.plot(variable,Theoretical_results,'LineWidth',2);
28.title('Exponenial through the inversion method');
29.legend('模拟结果','理论结果');
30.hold off
```

3. 绘制结果

Exponenial 密度分布图如图 3-4 所示。

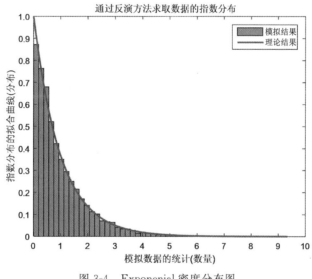

图 3-4　Exponenial 密度分布图

（二）Weibull(韦布尔)分布

1. 基本介绍

韦布尔分布即韦伯分布,又称韦氏分布或威布尔分布,是可靠性分析和寿命检验的理论基础。

韦布尔分布在可靠性工程中被广泛应用,尤其适用于机电类产品的磨损累计失效的分布形式。它利用概率值可以很容易地推断出其分布参数,因此被广泛应用于各种寿命试验的数据处理。

2. MATLAB 代码

```
1.  %% 程序信息
2.  % 程序名称:Weibull的概率密度绘制
3.  % 编写人:刘晗博
4.  % 时间:2021-01-02
5.  clear
6.  clc
7.
8.  %% 参数设置
9.  a = [1,2,3,4,5];
10. for i = 1:5
11.     %% 声明符号函数 y=a*power(x,a-1)*exp(-power(x,a)),变量为x
12.     syms x
13.     y = a(i)*power(x,a(i)-1)*exp(-power(x,a(i)));
14.
15.     %% 计算反函数
16.     %g = finverse(y,x);
17.
18.     %% 生成随机数
19.     rand_number = unifrnd(0,1,[1,10000]); % n 以正整数为分量的二维行向量
20.     result_one = log(1./rand_number).^(1/a(i))
21.     Calculate_result = double(result_one);
22.
23.     %% 绘制直方图
24.     figure;
25.     h = histogram(Calculate_result,100,'Normalization','pdf');
26.     hold on;
27.
28.     %% 绘制理论曲线
29.     variable = linspace(h.BinEdges(1),h.BinEdges(end));
30.     result_two = a(i).*variable.^(a(i)-1).*exp(-variable.^a(i));
31.     Theoretical_results = double(result_two);
32.     plot(variable,Theoretical_results,'LineWidth',2);
33.     title('Exponenial through the inversion method');
34.     legend('模拟结果','理论结果');
35.     hold off
36.
37. end
```

3. 运行结果

由于此分布含有参数 a，此处将 a 分别赋值 1、2、3、4、5 进行绘制，绘制结果如图 3-5～图 3-9 所示。

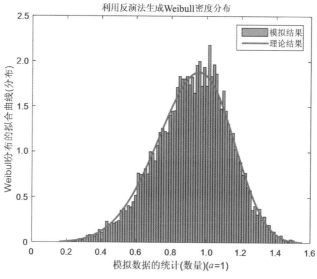

图 3-5　Weibull 密度分布($a=1$)

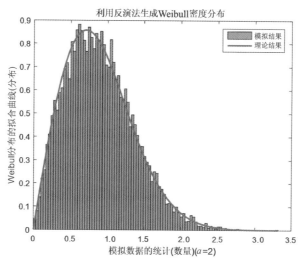

图 3-6　Weibull 密度分布($a=2$)

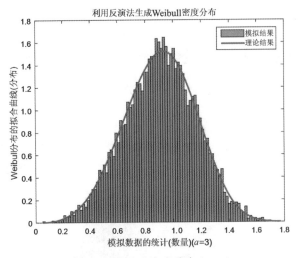

图 3-7 Weibull 密度分布($a=3$)

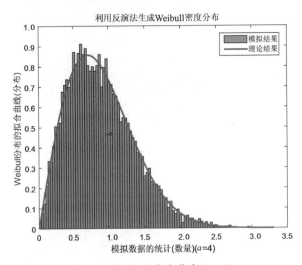

图 3-8 Weibull 密度分布($a=4$)

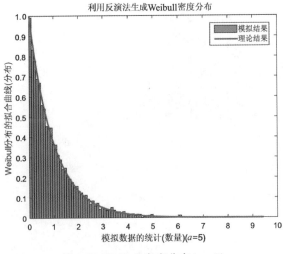

图 3-9 Weibull 密度分布($a=5$)

（三）Gumbel（耿贝尔）分布

1. 基本介绍

极值分布是指在概率论中极大值（或者极小值）的概率分布，从很多个彼此独立的值中挑出来的各个极大值应当服从概率密度分布数 $f(x)$。Gumbel 是其中的一种类型。

2. MATLAB 代码

```matlab
%% 程序信息
% 程序名称:Gumbel 的概率密度绘制
% 编写人:刘晗博
% 时间:2021-01-02
clear
clc

%% 声明符号函数 y=e^(-x)*e^(e^(-x)),变量为 x
syms x
y= exp(-x)* exp(exp(-x));

%% 计算反函数
% g= finverse(y,x);

%% 生成随机数
rand_number= unifrnd(0,1,[1,10000]);  % n 以正整数为分量的二维行向量
result_one= -log(log(1./rand_number));  % 利用所给反函数即可
Calculate_result= double(result_one);

%% 绘制直方图
figure;
h= histogram(Calculate_result,100,'Normalization','pdf');
hold on;

%% 绘制理论曲线
variable= linspace(h.BinEdges(1),h.BinEdges(end));
result_two= exp(-variable).* exp(-exp(-variable));
Theoretical_results= double(result_two);
plot(variable,Theoretical_results,'LineWidth',2);
title('Gumbel through the inversion method');
legend('模拟结果','理论结果');
hold off
```

3. 运行结果

运行结果如图 3-10 所示。

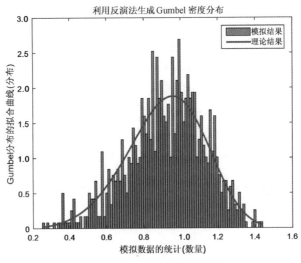

图 3-10　Gumbel 密度分布图

（四）Logistic（逻辑斯谛）分布

1. 基本介绍

逻辑斯谛分布即增长分布，增长分布的分布函数是"增长函数"，亦称"逻辑斯谛函数"（logistic function），故增长分布亦称作"逻辑斯谛分布"。逻辑斯谛分布是一种连续型的概率分布。

2. MATLAB 代码

```
1.%% 程序信息
2.% 程序名称:Logistic 的概率密度绘制
3.% 编写人:刘晗博
4.% 时间:2021- 01- 02
5.clear
6.clc
7.
8.%% 声明符号函数 y= 1/(2+exp(x)+ exp(-x)),变量为 x
9.syms x
10.y=1/(2+ exp(x)+ exp(- x));
11.
12.%% 计算反函数
```

```
13.% g= finverse(y,x);
14.
15.%% 生成随机数
16.rand_number= unifrnd(0,1,[1,10000]);  % n 以正整数为分量的二维行向量
17.result_one= - log((1- rand_number)./rand_number);
18.Calculate_result = double(result_one);
19.
20.%% 绘制直方图
21.figure;
22.h= histogram(Calculate_result,50,'Normalization','pdf');
23.hold on;
24.
25.%% 绘制理论曲线
26.variable= linspace(h.BinEdges(1),h.BinEdges(end));
27.result_two= 1./(2+exp(variable)+exp(-variable));
28.Theoretical_results= double(result_two);
29.plot(variable,Theoretical_results,'LineWidth',2);
30.title('Logistic through the inversion method');
31.legend('模拟结果','理论结果');
32.hold off
```

3. 运行结果

运行结果如图 3-11 所示。

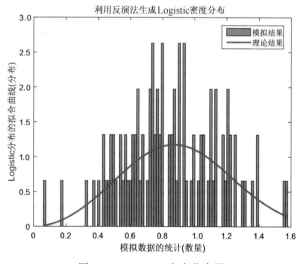

图 3-11 Logistic 密度分布图

(五)Cauchy(柯西)分布

1. 基本介绍

柯西分布是一个数学期望不存在的连续型概率分布。当随机变量 X 满足它的概率密度函数时，称 X 服从柯西分布。物理学家也将它称为洛伦兹分布或者 Breit-Wigner 分布。它在物理学中的重要性很大一部分归因于它是描述受迫共振的微分方程的解。在光谱学中，它描述了被共振或者其他机制加宽的谱线形状。

2. MATLAB 代码

```matlab
%% 程序信息
% 程序名称:Gauchy 的概率密度绘制
% 编写人:刘晗博
% 时间:2021- 01- 02
clear
clc

%% 声明符号函数 y= 1/(pi* (1+ x^2)),变量为 x
syms x
y= 1./(pi.* (1+ x^2));

%% 计算反函数
g= finverse(y,x);

%% 生成随机数
rand_number= unifrnd(0,1,[1,10000]);  % n 以正整数为分量的二维行向量
result_one= tan(pi.* rand_number);
Calculate_result= double(result_one);

%% 绘制直方图
figure;
h= histogram(Calculate_result,50,'Normalization','pdf');
hold on;

%% 绘制理论曲线
variable= linspace(h.BinEdges(1),h.BinEdges(end));
result_two= 1./(pi.* (1+ variable.^2));
Theoretical_results= double(result_two);
plot(variable,Theoretical_results,'LineWidth',2);
title('Gauchy through the inversion method');
legend('模拟结果','理论结果');
hold off
```

3. 运行结果

运行结果如图 3-12 所示。

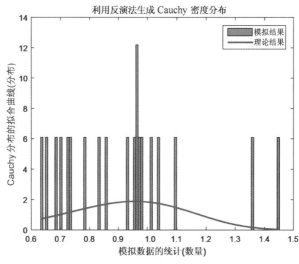

图 3-12　Cauchy 密度分布图

（六）Pareto(帕累托)分布

1. 基本介绍

帕累托分布是以意大利经济学家维弗雷多·帕雷托的名字命名的。它是从大量真实世界的现象中发现的幂定律分布,这个分布在经济学以外也被称为布拉德福分布。

2. MATLAB 代码

```
1.%% 程序信息
2.% 程序名称:Pareto 的概率密度绘制
3.% 编写人:刘晗博
4.% 时间:2021- 01- 02
5.clear
6.clc
7.
8.%% 参数设置
9.a= [1, 2, 5, 20];
10.for i= 1:5
11.    %% 声明符号函数 y= a/(x^(a+1)),变量为 x
12.    % i= 3;
13.    syms x
14.    y= a(i)/(x^(a(i)+ 1));
```

```
15.
16.    %% 计算反函数
17.    g= finverse(y,x);
18.
19.    %% 生成随机数
20.    rand_number= unifrnd(0,1,[1,10000]);
21.    result_one= (1./rand_number).^(1/a(i));
22.    Calculate_result= double(result_one);
23.
24.    %% 绘制直方图
25.    figure;
26.    h= histogram(Calculate_result,50,'Normalization','pdf');
27.    hold on;
28.
29.    %% 绘制理论曲线
30.    variable= linspace(h.BinEdges(1),h.BinEdges(end));
31.    result_two= a(i)./(variable.^(a(i)+1));
32.    Theoretical_results= double(result_two);
33.    plot(variable,Theoretical_results,'r','LineWidth',2);
34.    title('Pareto through the inversion method');
35.    legend('理论结果');
36.    hold off;
37.
38.
39.end
```

3. 运行结果

此分布也有其他参数,因此赋值 a 为 1、2、5、20 进行绘制,绘制结果如图 3-13~图 3-16 所示。

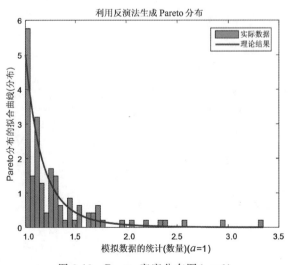

图 3-13 Pareto 密度分布图($a=1$)

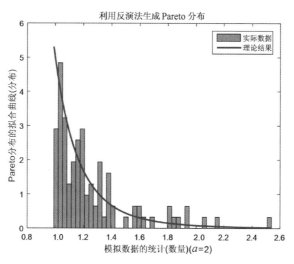

图 3-14　Pareto 密度分布图($a=2$)

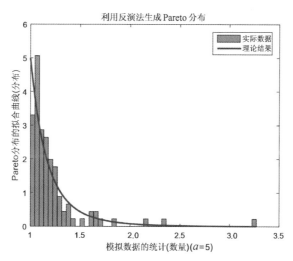

图 3-15　Pareto 密度分布图($a=5$)

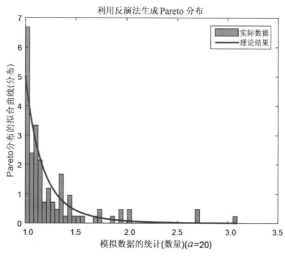

图 3-16　Pareto 密度分布图($a=20$)

第四节　接受-拒绝抽样法的应用

一、实习目的

实习目的是利用接受-拒绝抽样法（the acceptance-rejection method）绘制上述密度分布。

假设有随机变量 x，其概率密度函数为 $p(x)$，目标是得到该概率分布的随机样本，并对这个概率分布进行分析。

接受拒绝抽样法的思想是假设 $p(x)$ 不能直接抽样，这时需要找一个可以直接抽样的分布 $q(x)$，称为建议分布。在这里要求 $cq(x) \geqslant p(x)$，其中 $c>0$。先按照 $q(x)$ 进行抽样，假设抽到的结果是 x_0，再按照 $p(x_0)/cq(x_0)$ 的比例随机决定是否接收 x_0。

二、实习内容

（一）Exponential 分布

1. MATLAB 代码

```matlab
1. %% 程序信息
2. % 程序名称:exponential 的概率密度绘制 (λ=1)
3. % 编写人:刘晗博
4. % 时间:2021-01-02
5. clear
6. clc
7. %% 设置 Acceptance-Rejection Method 的参数
8. N= 100000;
9. c= 2;
10. gx= 0.5;
11.
12. %% 开始判决,决定是否保留
13. x0= unifrnd(0,10,1,N);
14. y= rand(1,N);
15. fx0= exp(-x0);
16. result_one= x0(y<=fx0./c/gx);
17. Calculate_result= double(result_one);
18.
19. %% 绘制直方图
20. h= histogram(Calculate_result,50,'Normalization','pdf');
21. hold on;
22.
23. %% 绘制理论曲线
```

```
24.variable= linspace(h.BinEdges(1),h.BinEdges(end));
25.result_two= exp(- variable);
26.Theoretical_results= double(result_two);
27.plot(variable,Theoretical_results,'LineWidth',2);
28.title('Exponenial through the Acceptance- Rejection Method');
29.legend('模拟结果','理论结果');
30.hold off
```

2. 运行结果

运行结果如图 3-17 所示。

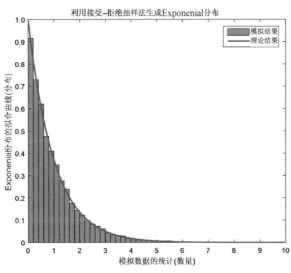

图 3-17　Exponenial 密度分布图

（二）Weibull 分布

1. MATLAB 程序

```
1.%% 程序信息
2.% 程序名称:Weibull 的概率密度绘制
3.% 编写人:刘晗博
4.% 时间:2021- 01- 02
5.clear
6.clc
7.
8.%% 参数设置
9.a= [1, 2, 3, 4, 5];
10.for i= 1:5
11.    %% 设置 Acceptance- Rejection Method 的参数
12.    N= 100000;
```

```
13.     c= 2;
14.     gx= 0.5;
15.
16.     %% 开始判决,决定是否保留
17.     x0= unifrnd(0,10,1,N);
18.     y= rand(1,N);
19.     fx0= a(i)* power(x0, a(i)- 1).* exp(- power(x0, a(i)));
20.     result_one= x0(y<=fx0./c/gx);;
21.     Calculate_result= double(result_one);
22.
23.     %% 绘制直方图
24.     figure;
25.     h= histogram(Calculate_result,50,'Normalization','pdf');
26.     hold on;
27.
28.     %% 绘制理论曲线
29.     variable= linspace(h.BinEdges(1),h.BinEdges(end));
30.     result_two= a(i)* power(variable, a(i)- 1).* exp(- power(variable, a(i)));
31.     Theoretical_results= double(result_two);
32.     plot(variable,Theoretical_results,'LineWidth',2);
33.     title('Weibull through the Acceptance- Rejection Method');
34.     legend('模拟结果','理论结果');
35.     hold off
36.
37.end
```

2. 运行结果

运行结果如图 3-18～图 3-22 所示。

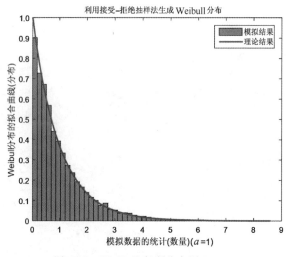

图 3-18　Weibull 密度分布图($a=1$)

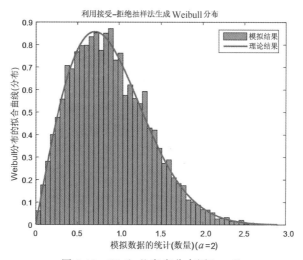

图 3-19　Weibull 密度分布图($a=2$)

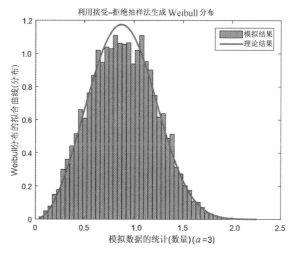

图 3-20　Weibull 密度分布图($a=3$)

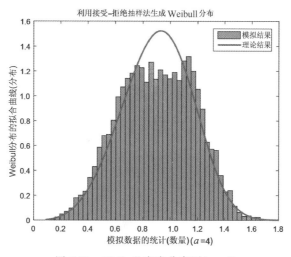

图 3-21　Weibull 密度分布图($a=4$)

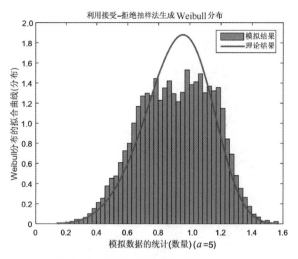

图 3-22 Weibull 密度分布图($a=5$)

(三)Gumbel 分布

1. MATLAB 代码

```
1.%% 程序信息
2.% 程序名称:Gumbel 的概率密度绘制
3.% 编写人:刘晗博
4.% 时间:2021-01-02
5.clear
6.clc
7.%% 设置 Acceptance-Rejection Method 的参数
8.N= 500000;
9.c= 5;
10.gx= 0.5;
11.
12.%% 开始判决,决定是否保留
13.x0= unifrnd(-5,10,1,N);
14.y= rand(1,N);
15.fx0= exp(-x0).* exp(-exp(-x0));
16.result_one= x0(y<=fx0./c/gx);
17.Calculate_result= double(result_one);
18.
19.%% 绘制直方图
20.h= histogram(Calculate_result,50,'Normalization','pdf');
21.hold on;
22.
```

```
23.%% 绘制理论曲线
24.variable= linspace(h.BinEdges(1),h.BinEdges(end));
25.result_two= exp(- variable).* exp(- exp(- variable));;
26.Theoretical_results= double(result_two);
27.plot(variable,Theoretical_results,'LineWidth',2);
28.title('Gumbel through the Acceptance- Rejection Method');
29.legend('模拟结果','理论结果');
30.hold off
```

2. 运行结果

运行结果如图 3-23 所示。

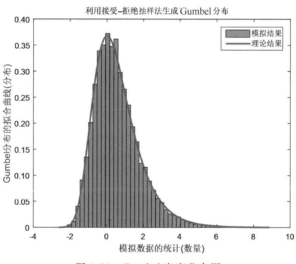

图 3-23　Gumbel 密度分布图

（四）Logistic 分布

1. MATLAB 代码

```
1.%% 程序信息
2.% 程序名称:Logistic 的概率密度绘制
3.% 编写人:刘晗博
4.% 时间:2021- 01- 02
5.clear
6.clc
7.%% 设置 Acceptance- Rejection Method 的参数
8.N= 500000;
9.c= 5;
10.gx= 1;
```

```
11.
12.%% 开始判决,决定是否保留
13.x0= unifrnd(- 8,8,1,N);
14.y= rand(1,N);
15.fx0= 1./(2+ exp(x0)+ exp(- x0));
16.result_one= x0(y<=fx0./c/gx);;
17.Calculate_result= double(result_one);
18.
19.%% 绘制直方图
20.h= histogram(Calculate_result,50,'Normalization','pdf');
21.hold on;
22.
23.%% 绘制理论曲线
24.variable= linspace(h.BinEdges(1),h.BinEdges(end));
25.result_two= 1./(2+ exp(variable )+ exp(- variable ));
26.Theoretical_results= double(result_two);
27.plot(variable,Theoretical_results,'LineWidth',2);
28.title('Logistic through the Acceptance- Rejection Method');
29.legend('模拟结果','理论结果');
30.hold off
```

2. 运行结果

运行结果如图 3-24 所示。

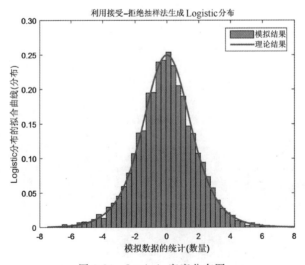

图 3-24　Logistic 密度分布图

（五）Cauchy 分布

1. MATLAB 代码

```
1.%% 程序信息
2.% 程序名称:Gauchy 的概率密度绘制
3.% 编写人:刘晗博
4.% 时间:2021-01-02
5.clear
6.clc
7.%% 设置 Acceptance-Rejection Method 的参数
8.N= 500000;
9.c= 5;
10.gx= 1;
11.
12.%% 开始判决,决定是否保留
13.x0= unifrnd(-10,10,1,N);
14.y= rand(1,N);
15.fx0= 1./(pi* (1+ x0.^2));
16.result_one= x0(y<= fx0./c/gx);;
17.Calculate_result= double(result_one);
18.
19.%% 绘制直方图
20.h= histogram(Calculate_result,50,'Normalization','pdf');
21.hold on;
22.
23.%% 绘制理论曲线
24.variable= linspace(h.BinEdges(1),h.BinEdges(end));
25.result_two= 1./(pi* (1+ variable.^2));
26.Theoretical_results= double(result_two);
27.plot(variable,Theoretical_results,'LineWidth',2);
28.title('Gauchy through the Acceptance-Rejection Method');
29.legend('模拟结果','理论结果');
30.hold off
```

2. 运行结果

运行结果如图 3-25 所示。

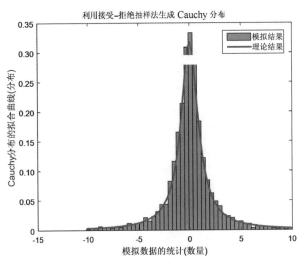

图 3-25　Cauchy 密度分布图

（六）Pareto 分布

1. MATLAB 代码

```
1.%% 程序信息
2.% 程序名称:Pareto 的概率密度绘制
3.% 编写人:刘晗博
4.% 时间:2021- 01- 02
5.clear
6.clc
7.
8.%% 参数设置
9.a= [1, 2, 5];
10.for i= 1:length(a)
11.    %% 设置 Acceptance- Rejection Method 的参数
12.    N= 500000;
13.    c= 5;
14.    gx= 1;
15.
16.    %% 开始判决,决定是否保留
```

```
17.    x0= unifrnd(1,10,1,N);
18.    y= rand(1,N);
19.    fx0= a(i)./(x0.^(a(i)+ 1));
20.    result_one = x0(y< = fx0./c/gx);
21.    Calculate_result= double(result_one);
22.
23.    %% 绘制直方图
24.    figure;
25.    h= histogram(Calculate_result,50,'Normalization','pdf');
26.    hold on;
27.
28.    %% 绘制理论曲线
29.    variable= linspace(h.BinEdges(1),h.BinEdges(end));
30.    result_two= a(i)./(variable.^(a(i)+ 1));
31.    Theoretical_results= double(result_two);
32.    plot(variable,Theoretical_results,'LineWidth',2);
33.    title('Pareto through the Acceptance- Rejection Method');
34.    legend('模拟结果','理论结果');
35.    hold off
36.end
```

2. 运行结果

运行结果如图 3-26～图 3-28 所示。

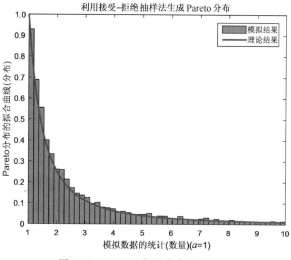

图 3-26　Pareto 密度分布图($a=1$)

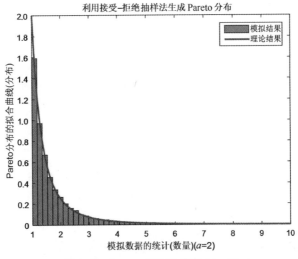

图 3-27　Pareto 密度分布图（$a=2$）

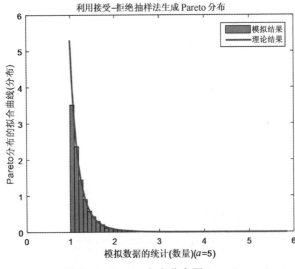

图 3-28　Pareto 密度分布图（$a=3$）

第五节　非参数 Parzen 窗密度估计

一、实习目的

Parzen 窗估计法是一种具有坚实理论基础和优秀性能的非参数函数估计方法。它能够较好地描述多维数据的分布状态，基本思想就是利用一定范围内各点密度的平均值对总体密度函数进行估计。一般而言，设 x 为 d 维空间中任意一点，N 是所选择的样本总数，为了对 x 处的分布概率密度 $\hat{p}(x)$ 进行估计，以 x 为中心作一个边长为 h 的超立方体 V，则其体积为 $V=h^d$，为计算落入 V 中的样本数 k，构造一个函数使得

$$\varphi(u) = \begin{cases} 1 & |u_j| \leqslant \frac{1}{2}, j=1,2,\cdots,d \\ 0 & 其他 \end{cases} \quad (3\text{-}1)$$

并使 $\varphi(u)$ 满足条件 $\varphi(u) \geqslant 0$，且 $\int \varphi(u)\mathrm{d}u = 1$，则落入体积 V 中的样本数为 $k_N = \sum_{i=1}^{N} \varphi\left(\frac{x-x_i}{h}\right)$，则此处概率密度的估计值是

$$\hat{p}(x) = \frac{1}{N}\sum_{i=1}^{N}\frac{1}{V}\varphi\left(\frac{x-x_i}{h}\right) \quad (3\text{-}2)$$

式(3-2)是 Parzen 窗估计法的基本公式，$\frac{1}{V}\varphi(u)$ 称为窗函数或核函数。在 Parzen 窗估计法的基本公式中，窗宽 h 是一个非常重要的参数。当样本数 N 有限时，h 对估计的效果有着较大的影响。

二、实习内容

为了编写 Parzen 窗，首先要确定一个窗函数。一般可以选择的窗函数有方窗、正态窗等。接下来将用方窗实现 Parzen 窗法。

$$k(x,x_i) = \begin{cases} \dfrac{1}{h^d} & 若\ |x^j - x_i{}^j| \leqslant \dfrac{h}{2}, j=1,2,\cdots,d \\ 0 & 其他 \end{cases} \quad (3\text{-}3)$$

式中：h 为超立方体的棱长。

因为编程中所用的信号是一维的正态信号，所以此处 d 的取值为 1。方窗 Parzen 仿真实验流程如图 3-29 所示。

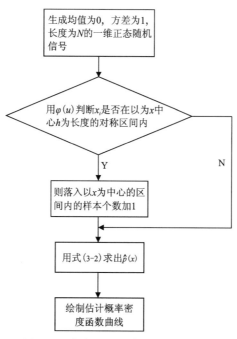

图 3-29　方窗 Parzen 仿真实验流程图

三、程序演示

```matlab
%------------------------------------------------
%                核密度(Parzen窗)估计
%------------------------------------------------
%************** 读取文件中数据 ***************
% 读取文件 examp02_14.xls 的第 1 个工作表中的 G2:G52 中的数据,即总成绩数据
score = xlsread('examp02_14.xls','Sheet1','G2:G52');
% 去掉总成绩中的 0,即缺考成绩
score = score(score> 0);
%********** 绘制频率直方图、核密度估计图、正态分布密度图 **********
% 调用 ecdf 函数计算 xc 处的经验分布函数值 f_ecdf
[f_ecdf, xc] = ecdf(score);
% 新建图形窗口,然后绘制频率直方图,直方图对应 7 个小区间
figure;
ecdfhist(f_ecdf, xc, 7);
hold on;
xlabel('考试成绩');   % 为 X 轴加标签
ylabel('f(x)');   % 为 Y 轴加标签
% 调用 ksdensity 函数进行核密度估计
[f_ks1,xi1,u1] = ksdensity(score);
% 绘制核密度估计图,并设置线条为黑色实线,线宽为 3
plot(xi1,f_ks1,'k','linewidth',3)
ms = mean(score);   % 计算平均成绩
ss = std(score);   % 计算成绩的标准差
% 计算 xi1 处的正态分布密度函数值,正态分布的均值为 ms,标准差为 ss
f_norm = normpdf(xi1,ms,ss);
% 绘制正态分布密度函数图,并设置线条为红色点划线,线宽为 3
plot(xi1,f_norm,'r-.','linewidth',3)
% 为图形加标注框,标注框的位置在坐标系的左上角
legend('频率直方图','核密度估计图', '正态分布密度图', 'Location','NorthWest')
u1   % 查看默认窗宽
%********** 绘制不同窗宽对应的核密度函数图 **********
% 设置窗宽分别为 0.1,1,5 和 9,调用 ksdensity 函数进行核密度估计
[f_ks1,xi1] = ksdensity(score,'width',0.1);
[f_ks2,xi2] = ksdensity(score,'width',1);
[f_ks3,xi3] = ksdensity(score,'width',5);
[f_ks4,xi4] = ksdensity(score,'width',9);
figure;   % 新建图形窗口
```

四、运行结果

基于 Parzen 窗非参数密度估计示意图如图 3-30 所示。

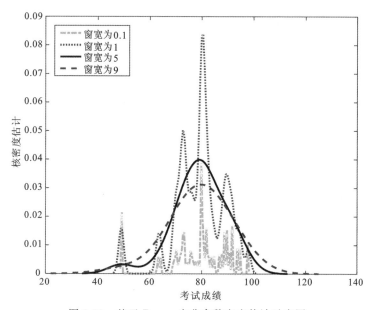

图 3-30　基于 Parzen 窗非参数密度估计示意图

第四章 虚拟现实与智能信息处理

第一节 虚拟现实概述

虚拟现实(VR)是一种与现实世界相似或完全不同的模拟体验。20世纪文艺复兴时期透视法的发展使人们可以对不存在的空间进行令人信服的描绘,人们称其为"人工世界的倍增"。虚拟现实的其他元素早在19世纪60年代就出现了。安东宁·阿尔托认为,幻象与现实并无区别,他主张观众在观看一出戏时,应该暂停怀疑,将舞台上的戏剧视为现实。最早提到更现代的虚拟现实概念的是科幻小说。

虚拟现实应用于娱乐(如电子游戏)、教育(如医疗或军事训练)和商业(如虚拟会议)等领域。其他不同类型的VR风格的技术包括扩增实境和混合现实,有时也被称为扩展现实或XR。虚拟现实系统使用虚拟现实耳机或投影设备产生逼真的声音、图像等,模拟用户在虚拟环境中的实际感受。使用虚拟现实设备的人可以环顾人造世界,在其中移动,并与虚拟特征或物品进行交互。这种效果通常是由VR头戴设备创造出来的(这种头戴设备主要样式是在人眼前部位置叠加一块小型镜片的头戴式显示器),也可以通过特殊设计的带有多个大屏幕的房间创造出来。虚拟现实通常包括听觉和视觉反馈,但也可能允许其他类型的感官反馈。

实现虚拟现实的一种方法是基于仿真的虚拟现实。例如,驾驶模拟器通过模拟驾驶员在行驶过程中的车辆运动轨迹,并向驾驶员反馈相应的视觉、触觉和听觉线索,给驾驶员留下实际驾驶汽车的印象。通过基于虚拟图像的虚拟现实,人们可以通过真实视频的形式加入虚拟环境,也可以通过虚拟图像的形式加入虚拟环境。人们可以通过传统的虚拟形象或者真实的视频参与到3D分布式虚拟环境中。用户可以根据系统能力选择自己的参与类型。在基于投影仪的虚拟现实中,真实环境的建模在机器人导航、建模、飞机仿真等各种虚拟现实应用中起着至关重要的作用。基于图像的虚拟现实系统在计算机图形学和计算机视觉社区越来越受欢迎。在生成真实的模型时,精确地记录获得的三维数据是必不可少的。

第二节 虚拟现实技术基础

虚拟现实技术综合图形、图像、声音、手势、语音等要素,试图给计算机使用者创造一种全新的感官体验,使其具有置身于真实世界的感觉。根据虚拟现实系统的特点及组成,其主要特点可以分为沉浸感、高交互性和实时性3类。沉浸感,如同置身于真实环境中;高交互性,可采取现实生活中习以为常的方式来操纵虚拟环境中的物体;实时性,依视点位置和视线方向实时地改变画面,并实时产生听觉、触觉响应。

一、虚拟现实立体显示技术

据研究,人的大脑能从静态图像中的深度线索、由运动造成的深度线索、生理上的深度线索和双目视差线索4个方面获得深度(距离)线索。这里仅研究双目视差线索。当用双眼看同一景物时,由于左、右眼在空间所处位置不同,两眼睛的视角会有所不同,看到的图像也不一样,会有视差,如图4-1(a)所示。具有视差的双眼图像经大脑融合,可产生含有立体深度信息的立体图像。一般将双目所见的一对具有视差的二维图像称为立体图像对。若模仿产生这一对平面图像,并采取技术措施,使左眼只能看见右边的图像,而右眼只能看见左边的图像,则人类的视觉系统就会融合该二维空间中一对稍有差别的图像,从而生成具有立体感受的图像。根据投影面、人眼以及观察对象之间的相对位置,可有正视差[图4-1(b)]、负视差[图4-1(c)]和零视差[图4-1(d)]之分。

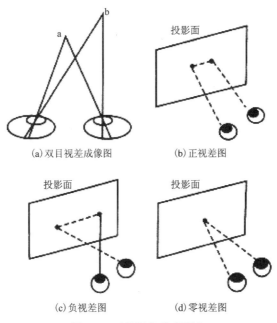

图 4-1 双目视差线索研究

使用简单的滤光镜就可观察有立体感的图像,其原理是滤光片(实验中使用红、绿两种颜色的滤光片)吸收其他光线,只让相同颜色的光线通过,因此左、右眼各透过不同颜色的光。当使用滤光镜观察计算机屏幕上的立体图像对时,就会看到具有深度感受的图像。在实验中发现,刷新频率对图像立体效果的形成具有重要影响。刷新频率过低,由于人眼所维持的图像已消失,不能得到三维立体感受;刷新频率过高就会出现一只眼睛可看到两幅图像的现象。在程序中将图像刷新频率设置为50Hz,利用红、绿两种颜色的滤光镜观察模型的立体成像,可以得到较明显的立体视觉效果。

二、虚拟现实三维全景技术

三维全景技术是基于全景图像的真实场景虚拟现实技术。全景是把相机环 360°拍摄的一组或多组照片拼接成一个全景图像,也有通过一次拍摄就可以实现的,如国外的 oneshot。通过拼接或者 oneshot 的成像之后,经过一系列数学计算可以得到其球形全景的矩形投影图或者立方体图,然后通过计算机技术实现全方位互动式观看的真实场景还原展示,这就是三维全景。自虚拟现实之父 Sutherland 于 1965 年在一篇名为《终极的显示》的论文中首次提出虚拟现实系统的基本思想以来,虚拟现实的应用更多地限制于一些特殊行业,如国防军事飞行模拟、军事演习、武器操控、宇航探测、太空训练等。长期以来虚拟现实一直以"几何建模"为主,3DMax、Maya 等 CG 软件的辉煌就印证了这一点。随着数字图像技术的发展,以三维全景逐步普及为突破口,"基于图像"的虚拟现实技术逐渐脱颖而出。三维全景以其真实感强、深沉全景方便快捷的特点受到日益广泛的关注。数字三维全景就是通过专业相机捕捉整个场景的图像信息,并使用软件进行图片拼合,再用专门的播放器进行播放,即将平面图及计算机图变为 360°全观风景用于虚拟现实浏览,把二维的平面图模拟成真实的三维空间呈现给观赏者,并给观赏者提供各种操纵图像的功能。

与以往的建模、图片等表现形式相比,数字三维全景的优势主要体现在以下几方面:①真实感强,它基于真实图片制作生成,相比其他建模生成对象更真实可信;②比平面图片更能表达更多的图像信息,并可以任意控制,交互性能好;③经过对图像的透视处理模拟真实三维实景,沉浸感强烈,给观赏者带来身临其境的感觉;④生成方便,制作周期短,制作成本低;⑤文件小,各个制作软件版本不同,每个景点最低只占 3M 左右空间,传输方便,适合网络使用,发布格式多样,适合各种形式的应用;⑥包容性强,可添加文字、图片、视频、flash 等多种功能介绍;⑦兼容性好,可与传统二维网站相结合,效果更好。

随着全景市场的快速成长,三维全景技术提供商不断涌现。凭借三维全景日益扩大的市场需求和应用,通过深入研究虚拟现实可视化等技术,帮助人们在计算机和网络这个虚拟世界中更好地重建现实、体验现实和改造现实。

三、虚拟现实常用智能技术装备

虚拟现实常用智能技术装备(图 4-2)主要分为建模设备、三维视觉显示设备、声音设备、交互设备等。

(1)建模设备,如 3D 扫描仪。

(2)三维视觉显示设备,如 3D 展示系统、大型投影系统(如 VR-Platform CAVE)、头戴式立体显示器等。

(3)声音设备,如三维的声音系统以及非传统意义的立体声设备。

(4)交互设备,包括位置追踪仪、数据手套、3D 输入设备(三维鼠标)、动作捕捉设备、眼动仪、力反馈设备以及其他交互设备。

第四章 虚拟现实与智能信息处理

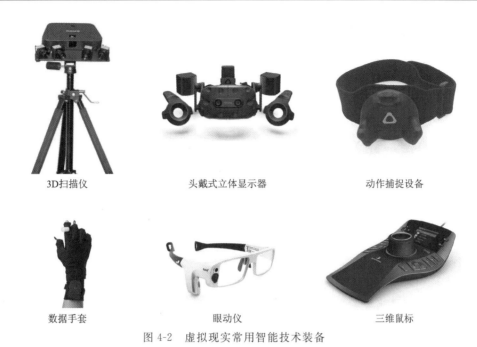

图 4-2 虚拟现实常用智能技术装备

第三节 基于 Unity 3D 的 VR 系统构建

一、Unity 3D 引擎和虚拟现实技术

虚拟现实最重要的特点是"沉浸性"与"交互性"。参与者在虚拟世界中就能身临其境般地感受到现实世界的一切。根据现有技术和项目，Unity 3D 所做的 VR 应用，归纳出以下主要的技术特点。

(1) 用 Unity 作为虚拟现实开发平台的制作流程。
(2) 3Ds Max 虚拟现实场景制作技术。
(3) Unity 平台制作技术，场景整合、物体材质等。
(4) 收集广泛的素材，如图片、文字、声音、视频等。
(5) 通过 C# 实现脚本的设计 (javaseript 已在新版 vnity 抛弃；早期版本使用过一段时间)。
(6) 改变传统的实验模式，让学生可以更方便地进行实验。
(7) 能让实验器材更加齐全，不会受到损坏和经费的问题的困扰。
(8) 实现逼真三维效果，提升真实性。

二、Unity 3D 的 VR 系统搭建立方法

(1) 开启 Steam VR 并连接 Vive 设备。
①登录 Steam 客户端，并点击右上角的 VR 按钮，这时会弹出 SteamVR 的窗口；②连接

好所有 VR 设备，连接成功后 Steam VR 窗口上的图标会全部变为绿色。

（2）新建 Unity3D 工程。

（3）通过 Asset Store 导入 Steam VR Plugin。

（4）拖入相关 prefab。先删除所有默认 GameObject，然后将 Steam VR/Prefabs 中的所有 prefab 拖入 Hierarchy 窗口。

（5）点击播放按钮，这个时候 Game 窗口会提示你可以戴上头盔了。戴上头盔后四处环视一下，就能找到控制器。接下来可以导入编写好的场景和模型。另外，可以参考 Steam VR Plugin 自带的示例场景，分别是：①SteamVR/Scenes/example；②SteamVR/Extras/SteamVR_TestIK；③SteamVR/Extras/SteamVR_TestThrow。

用户带上头戴式显示器的时候没办法消除掉系统默认提示对话框，当启动游戏的时候，他们不得不摘下头戴式显示器手动消除这个对话框。该对话框可以通过 Hidden By Default 和 Disable 进行控制，当设置为 Hidden By Default（或者 Ctrl）时，Unity 提供的方法是用命令行选项来控制，但是当设置为 Disable 的时候没有用。

第四节 智能信息概述

智能信息分析是指运用统计学、模式识别、机器学习、数据抽象等数据分析工具从数据中发现知识的分析方法。智能信息分析的目的是直接或间接地提高工作效率，在实际使用中充当智能化助手的角色，使工作人员在恰当的时间拥有恰当的信息，帮助他们在有限的时间内作出正确的决定。智能信息分析方法主要有数据抽象（data abstraction）和数据挖掘（date mining）两种类型。

数据抽象：数据抽象结构是对现实世界的一种抽象，从实际的人、物、事和概念中抽取所关心对象的共同特性，忽略非本质的细节，把这些特性用各种概念精确地加以描述。简而言之就是在忽略类对象间存在差异的同时，展现对用户而言最重要的特性。三种常用的抽象为分类、聚集、概括。

数据挖掘：一般是指从大量的数据中通过算法搜索隐藏于其中的信息的过程。数据挖掘通常与计算机科学有关，并通过统计、在线分析处理、情报检索、机器学习、专家系统（依靠过去的经验法则）和模式识别等诸多方法来实现上述目标。

常见的智能信息分析方法包括决策树、关联规则、粗糙集、模糊数学分析、混沌分形理论、人工神经网络、自然计算分析等。

第五节 智能信息理论基础

当前世界已然迎来了大数据时代，随着多媒体等多种技术的应用，社会中的相关领域时刻都涌现大量的数据，增加了大数据背景下的智能数据分析技术处理以及分析的难度。通常情况下大数据具有复杂性,而且还具有数量大、分布式的特点,这样就必须要采取新的技术方法对数据进行处理,因此智能分析技术在数据的处理中具有非常重要的意义,主要包括以下几类常见方法。

1. 决策树

它是在已知各种情况发生概率的基础上,通过构成决策树来求取净现值的期望值大于等于零的概率,评价项目风险,判断其可行性的决策分析方法。它是直观运用概率分析的一种图解法,是建立在信息论基础之上对数据进行分类的一种方法。首先通过一批已知的训练数据建立一棵决策树,然后采用建好的决策树对数据进行预测。决策树的建立过程是数据规则的生成过程,因此,这种方法实现了数据规则的可视化,其输出结果容易理解,精确度较好,效率较高,缺点是难于处理关系复杂的数据。常用的方法有分类及回归树法、双方自动交互探测法等。

2. 关联规则

关联规则是形如 X→Y 的蕴涵式,其中,X 和 Y 分别称为关联规则的先导(antecedent 或 left-hand-side,LHS)和后继(consequent 或 right-hand-side,RHS)。其中,关联规则 XY,存在支持度和信任度。这种方法主要用于事物数据库中,通常带有大量的数据,目前使用这种方法来削减搜索空间。

3. 粗糙集

粗糙集是继概率论、模糊集、证据理论之后的又一个处理不确定性的数学工具。用粗糙集理论进行数据分析主要有以下优势:①无需提供对知识或数据的主观评价,仅根据观测数据就能删除冗余信息;②非常适合并行计算,并提供结果的直接解释。

4. 模糊数学分析

用模糊数学理论来进行智能数据分析。现实世界中客观事物之间通常具有某种不确定性。越复杂的系统其精确性越低,也就意味着模糊性越强。在数据分析过程中,利用模糊集方法对实际问题进行模糊评判、模糊决策、模糊预测、模糊模式识别和模糊聚类分析,能够取得更好、更客观的效果。

5. 混沌分形理论

混沌和分形是非线性科学中的两个重要概念,研究非线性系统内部的确定性与随机性之间的关系。混沌描述的是非线性动力系统具有的一种不稳定且轨迹局限于有限区域但永不重复的运动;分形解释的是那些表面看上去杂乱无章、变幻莫测而实质上潜在有某种内在规律性的对象。因此,二者可以用来解释自然界以及社会科学中存在的许多普遍现象。该理论方法可以作为智能认知研究、图形图像处理、自动控制以及经济管理等诸多领域应用的基础。

6. 人工神经网络

人工神经网络是一种类似于大脑神经突触联接的结构进行信息处理的数学模型。该模型由大量的节点(或称神经元)相互连接构成。每个节点代表一种特定的输出函数,称为激励函数。每两个节点间的连接都代表一个通过该连接信号的加权值,称为权重,这相当于人工神经网络的记忆。网络的输出则依网络的连接方式、权重值和激励函数的不同而不同。而网络自身通常都是对自然界某种算法或者函数的逼近,也可能是对一种逻辑策略的表达。典型的神经网络模型主要分为前馈式神经网络模型、反馈式神经网络模型和自组织映射方法模型三大类。人工神经网络具有非线性、非局限性、非常定性、非凸性等特点,它的优点有3个方面:第一,具有自学习功能;第二,具有联想存储功能;第三,具有高速寻找优化解的能力。

7. 自然计算分析

这种数据分析方法根据不同生物层面的模拟与仿真,通常可以分为以下3种不同类型的分析方法:一是群体智能算法;二是免疫算术方法;三是DNA算法。群体智能算法主要是对集体行为进行研究;免疫算术方法具有多样性,经典的算法主要有反向、克隆选择等;DNA算法属于随机化搜索方法,它可以进行全局寻优,在实际的运用中一般都能获取优化的搜索空间,在此基础上还能自动调整搜索方向,在整个过程中都不需要确定的规则。当前DNA算法普遍应用于多种行业,并取得了不错的成效。

智能数据分析的目的是直接或间接地提高工作效率,在实际使用中充当智能化助手的角色,使工作人员在恰当的时间拥有恰当的信息,帮助他们在有限的时间内作出正确的决定。信息系统中积累的大量数据,其原始数据的价值很小,只有通过智能化分析方法抽取其中的精华,才能挖掘有价值的数据,为人类所利用。

第六节 智能信息的数据处理实例

下面以白水河深部位移数据的智能化处理为例,展示智能信息的数据处理过程。首先构建深部位移运动情况识别模型,利用监测站的钻孔测斜仪数据获得深部位移的运动信号,对获取到的深部位移数据采用小波分解法分解为高频和低频信号,然后将高频信号输入到卷积神经网络中进行学习,最后对不同的深部位移数据识别分类得到对应的滑坡运动状态。

一、基于小波分解方法

对滑坡深部位移监测数据使用小波分解的方法进行单层分解,可以提取出两组系数,分别是低频系数和高频系数。小波系数就是小波基函数与原始信号相似的系数。小波基函数与原始信号对应点相乘,再相加,得到对应点的小波变换系数。平移小波基函数,再计算小波基函数与原始信号对应点相乘,再相加,这样就得到一系列的小波系数。对于离散非正交的小波变换,可以分解成尺度函数和小波函数的线性组合。在这个函数中,尺度函数产生低频部分,小波函数产生高频部分。图 4-3 表示一个原始信号经过单层分解,提取出的低频系数和高频系数。从图中可以看出低频系数用于表示原始信号的趋势部分,高频系数用于表示原始信号的细节部分。

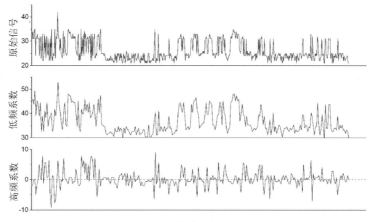

图 4-3 小波分解结果示例

小波分解的实现可调用 MATLAB 信号处理的自带函数 wavedec(s,1,'db1')和 appcoef(C,L,'db1',1)。

示例程序如下。

```
s= data;
[C,L]= wavedec(s,1,'db1');% 用 db1 小波函数对信号进行小波分解
%  提取低频系数
cA1= appcoef(C,L,'db1',1);% 用小波分解框架[C.L]计算 1 层低频系数的近似值,小波基为 db1
%  提取高频系数
cD1= detcoef(C,L,1);% 用小波分解框架[C.L]计算 1 层高频系数的近似值,小波基为 db1
```

二、基于卷积神经网络方法

深度神经网络适合处理具有大量样本的数据,同时能够获取数据的非线性特征。深度神经网络通过学习深层非线性网络结构,逐渐逼近复杂函数。当输出层为重构层时,网络可以获得数据的隐含特征。当网络输出层是分类器时,网络同时获得数据的隐含特征与适用于数据的分类器。神经网络采用层级的结构,包括输入层、隐含层和输出层,其本质是一个包含多

个隐层的多层。

卷积神经网络(convolutional neural networks，CNN)是一种卷积结构的深度神经网络，隐含层的卷积层和池化层是实现卷积神经网络特征提取功能的核心模块。该网络模型采用梯度下降法最小化损失函数对网络中的权重参数逐层反向调节，通过频繁的迭代训练提高网络的精度(图 4-4)。

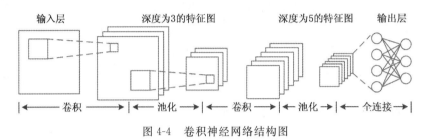

图 4-4　卷积神经网络结构图

卷积神经网络可使用 MATLAB、PYTHON 等编程语言去实现，有各种网络框架可用于 CNN 的实现。以 MATLAB 的使用为例，使用 Alexnet 框架，示例程序如下。

```
net= Alexnet;
% 训练数据
imageTrain= imageDatastore(Trainname,'IncludeSubfolders',true,'FileExtensions','.jpg','LabelSource','foldernames');
imageTest= imageDatastore(Testname,'IncludeSubfolders',true,'FileExtensions','.jpg','LabelSource','foldernames');
ops= trainingOptions('sgdm', ...
'InitialLearnRate',0.0001, ...
'ValidationData',imageTest, ...
'Plots','training- progress', ...
'MiniBatchSize',4, ...
'MaxEpochs',4,...% 迭代设置
'ValidationPatience',Inf,...
'Verbose',false);
tic
net_train= trainNetwork(imageTrain,new_layers,ops);
Toc
imagePred= classify(net_train, imageTest);
```

三、实验结果

将数据集的分类数设置为 3，通过 splitEachLabel 函数随机选择样本数据中 70% 的数据作为训练数据，剩下的 30% 的数据作为验证数据，使用 MATLAB 进行训练，结果如图 4-5 所示。

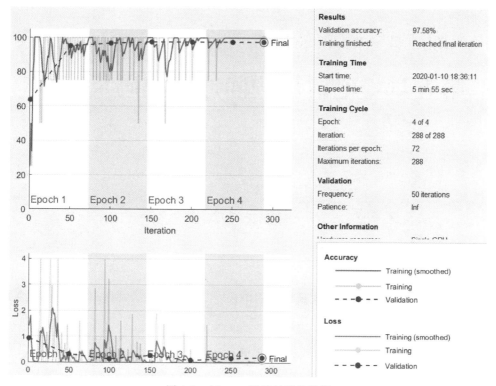

图 4-5 Alexnet 训练过程及结果

网络的验证结果准确度高达 97.58%,说明网络的识别率较高,可用于本书实验所需深部位移运动状态的分类中。

第五章 电话用户间通信编码及实现

第一节 CC08 电话交换设备介绍

一、实习目的

通过本实验,让学生了解程控交换机常用单板以及其系统组成,回顾现代交换设备原理,将理论与实际联系起来。

二、实习原理

CC08 交换机采用全数字三级控制方式和无阻塞全时分交换系统。语音信号在整个过程中实现全数字化。第一级,MPU 控制中心;第二级,主控框的其他单板通过邮箱与 MPU 直接通信;第三级,其他框中的设备(用户、中继框)通过 NOD 和 MPU 通信。

操作维护终端通过局域网(LAN)方式和交换机(BAM)管理服务器通信,通过程控交换机的设置、数据修改、监视等来达到用户管理的目的(图 5-1,图 5-2)。

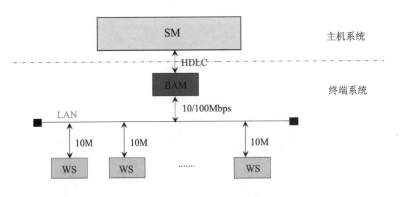

图 5-1 CC08 交换设备硬件系统结构

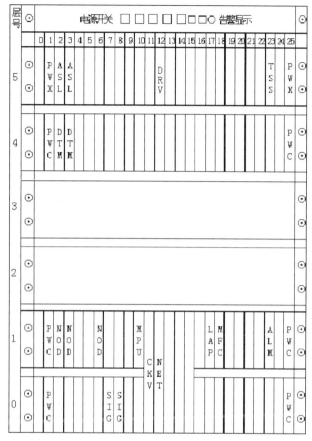

图 5-2　CC08 交换设备主机系统外形结构

三、实习结果

实习结果如图 5-3 所示。

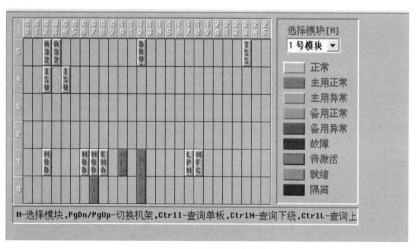

图 5-3　硬件面板状态显示

第二节 CC08 交换设备本局通信编码及实现

一、实习目的

(1)加深对交换机系统功能结构的理解,熟悉掌握交换机局配置数据、字冠、用户数据的设置,加深对交换机计费系统功能的理解,熟悉掌握 CC08 交换机的计费数据配置方法,了解交换机计费功能的重要性。

(2)通过交换机代码编写实现本局用户基本呼叫功能。

二、实习原理

1. 原理

本局呼叫的实现需要配置与本局用户通话有关的相关数据,比如字冠、用户号码等,要实现本局通话的计费还需要增加计费情况,其中可以通过计费选择码(CHSC)来设置不同的计费方式,不同呼叫方式要设置不同的计费情况(CHA)。

本局用户通话原理如图 5-4 所示,本局呼叫流程如图 5-5 所示。

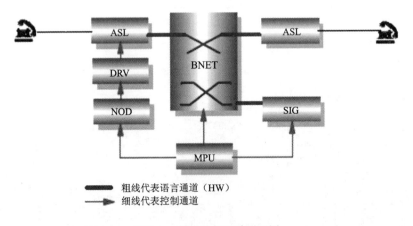

图 5-4 本局用户通话原理图

2. 基本概念

(1)呼叫源:指发起呼叫的用户或中继。一般若干个用户或若干个中继群属于同一个呼叫源。

每一个呼叫源被指定一个整数作为它的识别码,称为呼叫源码。

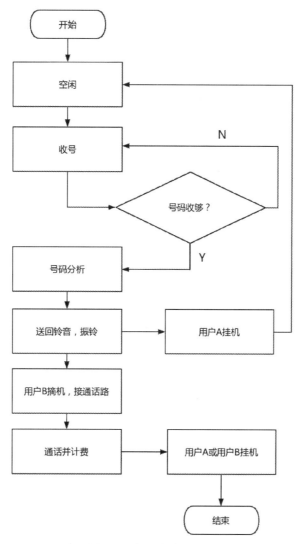

图 5-5 本局呼叫流程图

同一呼叫源具有相同的特性。任何特性的不同都会导致不同呼叫源的划分。

（2）号首集：号首（或字冠）的集合。号首是呼叫源发出呼叫的号码的前缀，所以号首集是针对呼叫源而言的。

呼叫源和号首集的关系：一个呼叫源只能对应一个号首集，一个号首集可以为多个呼叫源共用。

（3）设备号：用户所连接设备的物理编号，每个端口有唯一一个设备号。

（4）用户数据索引于全局内（多模块）统一编号。用户数据索引与电话号码一一对应，有多少个电话号码就有多少个用户数据索引。

（5）计费源码：又称计费分组，定义于用户或中继群数据上。本局具有相同计费属性的用户和中继群划分为一组的组号。所谓相同计费属性，简单地说，就是不同的主叫呼叫相同的任何一个号码都有相同的计费方式(都是跳计次表或都是产生详细话单)和费率。

(6)计费情况:一类呼叫规定的计费处理因素的集合。

三、代码编写步骤

代码编写步骤如下。

(1)设置本局信息(SET OFI)。

(2)增加计费情况(ADD CHGANA)。

(3)修改计费制式(MOD CHGMODE)。

(4)增加计费情况索引(ADD CHGIDX)。

(5)增加呼叫源(ADD CALLSRC)。

(6)增加业务字冠(ADD CNACLD)。

(7)增加号段(ADD DNSEG)。

(8)增加一批模拟用户(ADB ST)。

四、实习结果

实习结果如图 5-6 和图 5-7 所示。

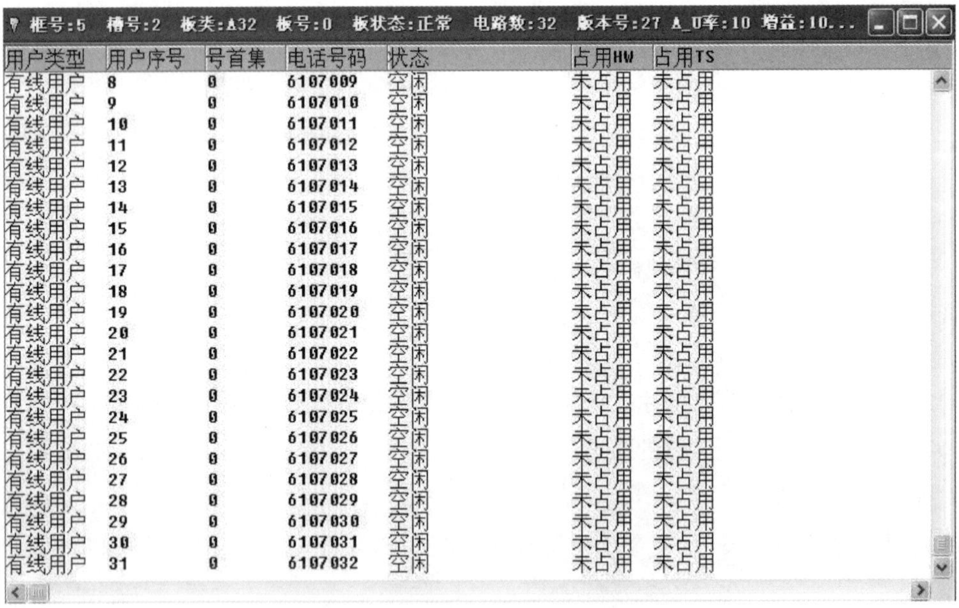
框号:5 槽号:2 板类:A32 板号:0 板状态:正常 电路数:32 版本号:27 A_U率:10 增益:10...

用户类型	用户序号	号首集	电话号码	状态	占用HW	占用TS
有线用户	8	0	6107009	空闲	未占用	未占用
有线用户	9	0	6107010	空闲	未占用	未占用
有线用户	10	0	6107011	空闲	未占用	未占用
有线用户	11	0	6107012	空闲	未占用	未占用
有线用户	12	0	6107013	空闲	未占用	未占用
有线用户	13	0	6107014	空闲	未占用	未占用
有线用户	14	0	6107015	空闲	未占用	未占用
有线用户	15	0	6107016	空闲	未占用	未占用
有线用户	16	0	6107017	空闲	未占用	未占用
有线用户	17	0	6107018	空闲	未占用	未占用
有线用户	18	0	6107019	空闲	未占用	未占用
有线用户	19	0	6107020	空闲	未占用	未占用
有线用户	20	0	6107021	空闲	未占用	未占用
有线用户	21	0	6107022	空闲	未占用	未占用
有线用户	22	0	6107023	空闲	未占用	未占用
有线用户	23	0	6107024	空闲	未占用	未占用
有线用户	24	0	6107025	空闲	未占用	未占用
有线用户	25	0	6107026	空闲	未占用	未占用
有线用户	26	0	6107027	空闲	未占用	未占用
有线用户	27	0	6107028	空闲	未占用	未占用
有线用户	28	0	6107029	空闲	未占用	未占用
有线用户	29	0	6107030	空闲	未占用	未占用
有线用户	30	0	6107031	空闲	未占用	未占用
有线用户	31	0	6107032	空闲	未占用	未占用

图 5-6　用户板显示

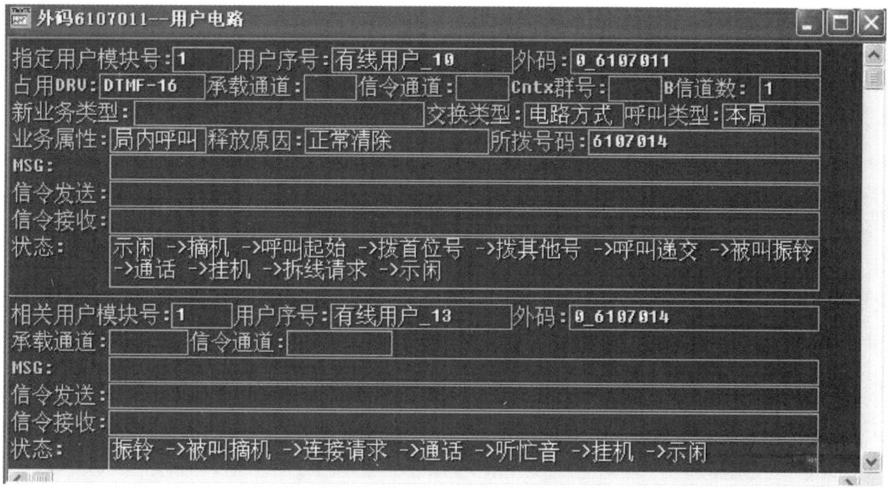

图 5-7 用户呼叫跟踪结果

第三节 CC08 交换设备出局自环通信编码及实现

一、实习目的

通过数据配置，了解 NO7 TUP 中继电路的工作原理，知道如何实现出局自环呼叫以及相关命令数据的设置，学会配置中继和路由，加深对交换原理的理解。

二、实习原理

1. 原理

实现出局通信，由于另一个局是一个虚拟的局所以是模拟自环，在模拟自环出局时，形成一个环路，所以在设置 MTP 链路与七号信令中继群的时候要注意，信令链路是连接各个信令点，传递信令消息的物理链路，实现出局呼叫时有发送和接受信令的过程，需要设置两条MTP 链路。此外，注意自环链路的信令链路编码 SLC 和信令链路编码 SSLC 发送不一样，SLC 表示本端的信令链路编码，SSLC 告诉对端应该使用的链路号，一条链路的信令链路编码与另外一条链路的信令链路编码发送相同。实现出局自环呼叫有从本局向外局的中继群和从外局向本局的中继群，因此需要增加两个七号信令中继群。中继电路与中继群对应需两条。实现出局自环通信，通信双方的 2M 电路接口的 CIC 值要相同，而这里是模拟自环，解决这一问题的方法是采用 CIC 变化，假设对于第一个 2M 接口，在增加七号信令中继群命令中若 CIC 值的范围是 0~31，发送到对端交换机时 CIC 值加了 32，而对于第二个 2M 接口，在增加七号信令中继群命令中若 CIC 值的范围是 32~63，发送到对端交换机时 CIC 减少了 32。

本局拨号 222007 到中继,号码变换为 626007,返回本局,实现自环呼叫(图 5-8)。

2. 基本概念

(1)局向:A 到 B 有直达话路则 B 是 A 的一个局向,给 A 的各个局向进行统一编号。

(2)目的信令点:与 OPC 有直达的话路或链路的 DPC。

有直达信令链路的称为相邻信令点;没有直达信令链路但有直达话路的称为非相邻信令点。

(3)子路由:定义为 A 到 B 之间有直达的话路,则认为两个局之间存在一条直达子路由;若本局与其他多个局之间都有直达话路,则本局存在多个子路由。

(4)路由:指本局到达某一目的信令点的所有子路由的集合。

(5)路由选择源码:当本局不同用户在出局路由选择策略上有所不同时,可以根据不同的呼叫源,给予不同的路由选择源,其编号即为路由选择源码。路由选择源码与呼叫源相对应。

(6)路由选择码:是指不同的出局字冠,在出局路由选择策略上的分类号。路由选择码与呼叫字冠相对应。出局字冠或目的码对应路由选择码,呼叫源码对应路由选择源码,再加上主叫用户类别、地址信息指示语、时间等因素,最终决定一条路由。

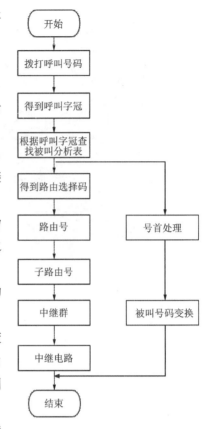

图 5-8 自环通信流程图

(7)电路识别码(CIC):用于两个信令点之间对电路的标识。只有在 TUP、ISUP 等电路交换业务的消息中,才有 CIC 字段,其长度定义为 12bit,所以两个信令点之间最多只能有 4096 条电路。

(8)信令链路选择码(SLS):4bit,用来进行七号信令消息的选路。对于 TUP、ISUP 消息其值是相应话路电路 CIC 值的低 4 位,对于 MTP 消息其值是相应链路的信令链路编码。

(9)信令链路编码(SLC):用于两个信令点之间对信令链路的标识,取值范围:0~15。在对接时,双方同一条链路的 SLC 值应该一致,其作用类似于话路的 CIC 值。

(10)链路选择掩码:链路选择掩码用来对 SLS 进行掩盖。

当相邻信令点之间存在 16 条链路时,可由链路选择码(SLS)选择一条信令链路,来发送信令消息。但当链路数量没有那么多时,如只有 2 条信令链路,而有 32 条话路,即 32 个信令消息源要使用 2 条信令链路传输。如何做到 2 条链路的工作量各承担一半?由于假设只有 2 条信令链路,就只需要 1 位链路选择码就够了。这就需要我们在 SLS 的 4 位码中再做一次选择,具体做法是掩盖掉其中三位,只保留一位。理论上可以保留四位中的任何一位。

三、代码编写步骤

代码编写步骤如下。

(1)增加 MTP 目的信令点(ADD N7DSP)。

(2)增加 MTP 链路集(ADD N7LKS)。

(3)增加 MTP 路由(ADD N7RT)。

(4)增加 MTP 链路(ADD N7LNK)。

(5) 增加局向(ADD OFC)。

(6)增加子路由(ADD SRT)。

(7)增加路由(ADD RT)。

(8)增加路由分析(ADD RTANA)。

(9)增加七号信令中继群(ADD N7TG)。

(10)增加七号信令中继电路(ADD N7TKC)。

(11)增加出局呼叫字冠(ADD CNACLD)。

(12)增加号码变换(ADD DNC)。

(13)增加号首特殊处理(ADD PFXPRO)。

或

(12) 增加号码变换(ADD DNC)。

(13) 增加中继群承载(ADD TGLD)。

(14)中继群承载索引(ADD TGLDIDX)。

四、实习结果

实习结果如图 5-9 所示。

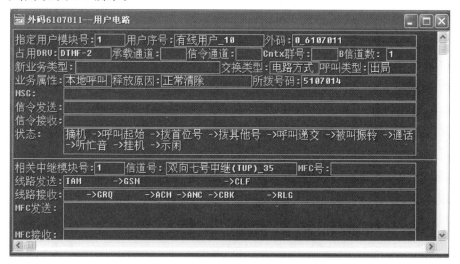

图 5-9　用户出局自环呼叫跟踪结果

第四节 固定用户与移动用户通信编码及实现

一、实习目的

通过代码编写,了解 NO7 ISUP 中继电路的工作原理,知道如何实现固定与移动用户之间的呼叫以及相关代码数据的设置。

二、实习原理

CC08 交换机与移动设备对接数据如表 5-1、表 5-2 所示,PSTN 与移动通信流程图如图 5-10 所示。

表 5-1 信令链路数据

参数名 局向	信令点编码	信令链路号	信令链路编码	信令链路发送编码	信令时隙（电路号）
本局	1E1E1E	5	0	0	144
3G 局	040404		0	0	16

表 5-2 中继话路数据

参数名 局向	电路号范围	CIC 变换规则	CIC 变换值	起始 CIC 号	中继群号	字冠
本局	128～159	无	0	0	0	666
3G 局	0～31	无	0	0		188

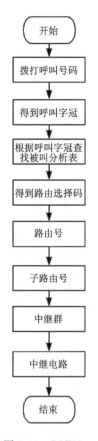

图 5-10 PSTN 与移动通信流程图

三、代码编写步骤

代码编写步骤如下。

(1) 增加 MTP 目的信令点 (ADD N7DSP)。

(2) 增加 MTP 链路集 (ADD N7LKS)。

(3) 增加 MTP 路由 (ADD N7RT)。

(4) 增加 MTP 链路 (ADD N7LNK)。

(5) 增加局向 (ADD OFC)。

(6) 增加子路由 (ADD SRT)。

(7) 增加路由 (ADD RT)。

(8) 增加路由分析 (ADD RTANA)。

(9) 增加七号信令中继群 (ADD N7TG)。

(10) 增加七号信令中继电路 (ADD N7TKC)。

(11) 增加出局呼叫字冠 (ADD CNACLD)。

四、实习结果

实习结果如图 5-11 和图 5-12 所示。

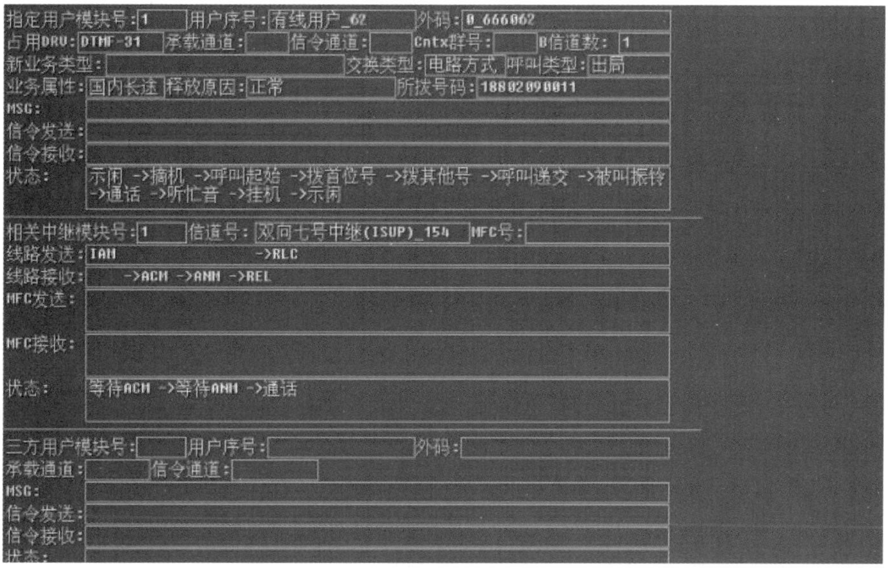

![图5-11 跟踪结果截图]

图 5-11 固定用户呼叫移动用户跟踪结果

图 5-12 固定用户呼叫移动用户实例

第六章 微弱信号采集与信号自适应处理

第一节 微弱信号采集概述

数据采集技术在电子通信、声呐探测、光磁学分析等领域被广泛应用。近年来，随着上述领域的不断发展，人们对数据采集技术的精度要求越来越高，弱电、弱磁、微光、微声等微弱信号的检测成为了数据采集技术的一个重要发展方向。本实习内容主要针对微伏（μV）级微弱电压信号，将实现宽频带（100 kHz）微弱信号的高精度采集作为主要目标。

噪声总是会影响信号检测的结果，所以信号检测是信号处理的重要内容之一，低信噪比下的信号检测是目前检测领域的热点，而强噪声背景下微弱信号的提取又是信号检测的难点，其目的就是消除噪声，将有用的信号从强噪声背景中提取出来，或者用一些新技术和新方法来提高检测系统输出信号的信噪比。

噪声主要来自检测系统本身的电子电路和系统外的空间高频电磁场干扰等，通常通过以下两种不同的途径来解决：

(1) 降低系统的噪声，使被测信号功率大于噪声功率，达到信噪比（S/N）大于 1。

(2) 采用相关接收技术，可以保证在被测信号功率小于噪声功率的情况下，仍能检测出信号。

在电子学系统中，采用低噪声放大技术，选取适当的滤波器限制系统带宽，以抑制内部噪声和外部干扰，大大改善系统的信噪比，当信号较微弱时，也能得到信噪比大于 1 的结果。但当信号非常微弱，比噪声小几个数量级甚至完全被噪声淹没时，上述方法就不会有效。当我们已知噪声中的有用信号的波形时，利用信号和噪声在时间特性上的差别，可以用匹配滤波的方法进行检测。但当微弱信号是未知信号时，则无法利用匹配滤波的方法进行检测。经过分析，白噪声为一个具有零均值的平稳随机过程，所以我们选取任一时间点，在该点前一段时间内将信号按时间分成若小段后，然后在选取时间点处将前面所分的每小段信号累加，若为白噪声信号，则时间均值依然为零，但当噪声中存在有用信号时，则时间均值不为零，依此特性，就可对强噪声背景中是否存在微弱信号进行判定。

白噪声信号是一个均值为零的随机过程。任意时刻是一均值为零的随机变量。所以，将 t 时刻以前的任一时间段将信号分成若干小段并延时到 t 时刻累加，得到的随机变量均值依然为零。而混有微弱信号，将 t 时刻以前的信号分断延时，并在 t 时刻点累加，得到的不再是均值为零的随机变量。所以，我们可以在 t 时刻检测接收到的强噪声的信号的均值，由其均值不为零可判定强噪声信号中混有有用信号。

第二节 微弱信号采集技术介绍

利用白噪声信号在任一时间 t 均值为零这一特性,将强噪声信号分段延时,到某一时刻累加,由此时刻所得的随机变量的均值是否为零来判断 t 时刻以前的信号中是否含有有用信号。利用这种检测方法可以在不知微弱信号的波形的情况下,对强噪声背景中的微弱信号进行有效的检测。

而对微弱信号检测与提取有很多方法,常采用以下方法进行检测,这些检测方法都可以在与信号处理相关书籍和论文中查找到。

一、自相关检测方法

传统的自相关检测技术是应用信号周期性和噪声随机性的特点,通过自相关运算达到去除噪声的检测方法。由于信号和噪声是相互独立的过程,根据自相关函数的定义,信号只与信号本身相关而与噪声不相关,且噪声之间一般也是不相关的。

假设信号为 $s(t)$,噪声为 $n(t)$,则输入信号

$$x(t)=s(t)+n(t) \qquad (6-1)$$

其相关函数为

$$\begin{aligned}R_x(\tau)&=E[x(t) \cdot x(t+\tau)]\\&=R_s(\tau)+E[s(t) \cdot n(t+\tau)]+E[s(t+\tau) \cdot n(t)]+R_n(\tau)\end{aligned} \qquad (6-2)$$

对于具有各态历经性的过程,可以利用样本函数的时间相关函数来替代随机过程的自相关函数。

二、多重自相关法

多重自相关法是在传统自相关检测法的基础上,对信号的自相关函数再多次做自相关,如图 6-1 所示。

令

$$x_1(t) = R_x(\tau) = s_1(t) + n_1(t) \qquad (6-3)$$

式中:$s_1(t)$ 是 $R_n(\tau)$ 和 $E[s(t+\tau) \cdot n(t)]$ 的叠加;$n_1(t)$ 是 $E[s(t) \cdot n(t+\tau)]$ 和 $R_n(\tau)$ 的叠加。

对比式(6-1)和式(6-3),尽管两者信号的幅度和相位不同,但频率却没有变化。信号经过相关运算后增加了信噪比,但其改变程度是有限的,因而限制了检测微弱信号的能力。多重相关法将自相关函数 $R_x(\tau)$ 当作 $x(t)$,重复自相关函数检测方法步骤,自相关的次数越多,信噪比提高的越多,因此可检测出淹没于强噪声中的微弱信号。

图 6-1 多重自相关法

三、双谱估计理论及算法

双谱变换即对信号的三阶累积量进行二维傅里叶变换。假定 $x(n)$ 为零均值，三阶是平稳随机序列，其三阶相关函数为

$$R_{xx}(m_1,m_2) = E[x(n)x(n+m_1)x(n+m_2)] \tag{6-4}$$

则其双谱就定义为

$$B_{xx}(\omega_1,\omega_2) = \sum_{m_1}\sum_{m_2} R_x(m_1,m_2)e^{-j(\omega_1 m_1+\omega_2 m_2)} \tag{6-5}$$

对于经典的双谱估计方法，可分直接法和间接法两种。

系统工作频带越窄，叠加次数越多，等效噪声带宽越小，则系统的输出信噪比越高。但经过足够次数的采样、累加平均后，信噪比会大大提高。

四、小波算法

针对实际应用中的小信号，特别是完全被噪声淹没的微弱信号提取的问题，依据白噪声信号的小波变换系数比有用信号的小波系数小的特点，利用小波变换对信号进行消噪来提取微弱信号。小波变换能够有效地消除噪声，将有用微弱信号从受噪声污染的信号中提取出来。

弱信号采集的可选方案较多，还有很多新的方法正在研究中，如将窄带滤波器与可调带通滤波器相结合，基于 LRC 谐振电路的可调带通滤波器；采用自适应滤波算法作为可调滤波器的控制算法；基于自适应滤波的微弱信号采集方案。

五、同步积累法

单频信号是周期性重复的信号（直流信号可以认为是频率为零的单频信号），而噪声信号是随机信号，因此不具有这一特性。如果把带有干扰的信号进行多周期测试，则根据信号的周期重复特性将各周期信号进行对比分析，就能够逐渐辨别出信号的原型。该方法虽然理论分析较为简单直观，但实际使用时要求系统采样率保持为信号频率的整数倍，才能保证各周期采样点的相位偏差保持一致，即达到所谓的同步效果。而这一方法，对于频率连续变化的信号来说，显然是不适用的。

六、相关接收法

信号在时间轴上具有前后相关性这一特点是微弱信号检测的基础。我们可以借助相关函数(用于评判函数的线性相关性)，根据线性相关的强弱，从噪声中识别目标信号。自相关函数通常被用来度量一个随机过程在两个时刻的线性相关性，使用互相关函数来度量两个随机过程的相关程度。这两个函数的幅度值越接近于 1，则表明相关性越强，若为幅度值为 0 则表明不相关。

七、匹配滤波器

匹配滤波器是指经过该滤波器后,能够使信号最大限度地通过,而噪声通过尽可能小,从而最大化信噪比。该滤波器的运行基础是滤波器的传递函数能够匹配到信号所在的频率,即将滤波器的最大增益点(段)设置在信号频率处,因此分析目标信号的频谱特性成为设计匹配滤波器的第一步。本书所使用的方法即是基于此检测原理而设计的,由于正弦信号的频率特性单一,非常适合使用该方法采集。通过窄带滤波器进行选频,抑制带外噪声,最大化信噪比,符合匹配滤波器的设计理念。

第三节 微弱信号的检测提取实习内容

一、实习任务与要求

(1)用 MATLAB 语言编程仿真。

(2)输入信号由白噪声加微弱周期信号组成(信噪比 S/N≪1),从语音文件中获取。采集数据时所设的声卡采样频率是 44 100Hz。

(3)微弱信号提取方案设计如图 6-2 所示。

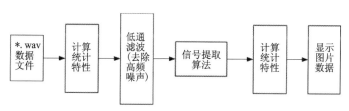

图 6-2 微弱信号提取方案

(4)低通滤波器的性能指标如图 6-3 所示。

低通滤波器的技术指标为通带截至频率 2.5kHz,阻带截至频率 3.5kHz,通带衰减小于

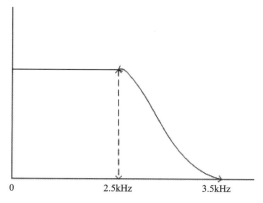

图 6-3 低通滤波器的性能指标

1db,阻带衰减大于35db。低通滤波器的形式由自己确定,将设计好的滤波器频率特性用图描绘出来,测试一下看是否符合要求。

(5)首先计算输入信号的均值、均方值、方差、频谱及功率谱密度,确定输入信号中包含着有用信号。然后提取有用信号,并要求计算提取信号的均值、均方值、方差、概率密度、频谱及功率谱密度,画出曲线。最后确定信号的周期。

(6)如果输入信号是方波、三脚波,结果如何?

(7)按要求写实验报告。

二、用 MATLAB 实现数据采集的方法

实习的两种参考方法。

(1)直接利用 MATLAB 数据采集箱中提供的函数命令进行采集,即 wavrecord。wavrecord 利用 Windows 音频输入设备记录声音,其调用格式为

$$y = \text{wavrecord}(n, fs, ch, dtype)$$

式中:n 为采样的点数,决定了录音长度;fs 为采样频率,默认值为 11 025 Hz,还可根据要求自己选择合适的采样率;ch 为声道数,默认值为 1,表示单声道,如果指定为 2,则采样为双声道立体声数据;dtype 为采样数据的存储格式,用字符串指定,可以是 double、single、int16、int8,指定存储格式的同时也就规定了每个采样值量化的精度,int8 对应 8 位精度采样,其他都是 16 位采样精度。

参数选择:n=1024;fs=44 100;ch=1;dtype='double'。

(2)采用对声卡产生一个模拟输入对象的方式进行采集。数据采集过程可以分为 4 步。

① 初始化。MATLAB 将声卡等设备都作对象处理,其后的一切操作都不与硬件直相关,而是通过对该对象的操作来作用于硬件设备,所以首先要对声卡产生一个模拟输入对象

```
ai = analoginput ('winsound');
```

其中:ai 为 MATLAB 中的变量,它是一个模拟输入设备对象句柄,所有的数据采集过程都是通过对该句柄的操作来实现;analoginput( )为模拟输入设备对象建立函数,通过该函数将 A/D 转换硬件映射为 Matlab workspace 中的一个模拟输入设备对象句柄;winsound 为声卡设备驱动程序,MATLAB 软件内含该驱动程序。

② 配置。给 ai 对象添加通道,设置采样频率。

```
addchannel (ai ,1);% 添加通道
fs= 44100;% 采样频率设置为 44.1kHz
ai.SampleRate = fs ;% 设置采样频率
```

③ 采样。启动设备对象,开始采集数据。

```
t= 2s;% 设定采样时间
start(ai);% 启动设备对象
data= get(ai,t* fs);% 获得采样数据
```

④ 终止。停止对象并删除对象。

```
stop(ai) ;
delete(ai);
```

第六章　微弱信号采集与信号自适应处理

这样便完成了一次完整的数据采集过程,采样频率和采样时间都是由用户输入的,十分方便。

实验方法

本实验可采用多重自相关与时域叠加相结合的方法。

先算出原输入信号均值、均方值、方差、频谱及功率谱密度,判断出信号中的有用信号,再让混合信号通过低通滤波器,消除高频的噪音,把输出的信号通过求多重自相关,便可以提高有用信号的信噪比。通过观察自相关波形,尽管信号的幅度和相位不同,但频率却没有变化,可以算出有用信号的频率。知道频率后便可以通过时域叠加算法求波形,把点按整周期进行叠加,求平均消除噪声干扰,便可得到一个周期的波形。

三、实验参考程序

主函数

```
fs=44100;% 设定采样频率
N=1024;% 取的样本点
n=0:N-1;
t=n/fs;% 采样
x1= wavread('xn900.wav');% 读入混合信号
%*******************************
m1= mean(x1);                           % 求均值
v1= var(x1);                            % 求方差
w1= v1+ m1^2;                           % 求均方值
%*******************************
% 进行FFT变换并做频谱图
y=fft(x1,N);% 进行fft变换
magy= abs(y);% 求幅值
angley= angle(y);% 求相位
fy= (0:length(y)-1)*fs/length(y);% 进行对应的频率转换
figure(1);
plot(fy,magy,'k',fy,angley,'r');% 做频谱图
xlabel('频率(Hz)');
ylabel('幅值与相位');
title('输入信号的频谱图');
grid on;
hold on;
%*******************************
% 求输入信号的自相关函数
[Ry,lags]= xcorr(x1,'coeff');% 求出自相关序列
lagst= lags/fs;
figure(2);% 画出图形
```

```
plot((lagst),Ry,'k');
xlabel('tao');
ylabel('Ry');
title('输入信号的自相关函数');
grid on;
hold on;
%********************************%
% 求输入信号功率谱
Sqy= fft(Ry,length(Ry));% 对自相关函数进行傅里叶变换,得到均方根谱
f2= (0:length(Sqy)- 1)'* fs/length(Sqy);
magSqy= abs(Sqy);
figure(3);
plot(f2,magSqy,'r');
xlabel('频率(Hz)');
ylabel('功率谱密度');
title('输入信号功率谱');
grid on;
hold on;
%**********************************************
% 生成测试低通滤波器
fp=2500;fq=3500;Fs=44100;
rp=1;rs= 35;
wp=2 * pi * fp/Fs;
ws=2 * pi * fq/Fs;
wap=tan(wp/2);
was=tan(ws/2);
[n,Wn]= buttord(fp/Fs,fq/Fs,rp,rs,'s');
[b,a]= butter(n,Wn);
[z,p,k]= buttap(n);
[bp,ap]= zp2tf(z,p,k);
[bs,as]= lp2lp(bp,ap,wap);
[bz,az]= bilinear(bs,as,0.5);
[h,w]= freqz(bz,az,512,Fs);
figure(4)
plot(w,abs(h)),axis([0 5000 0 1.1]);
grid on;                    % 测试滤波器
title('滤波器频率特性')
%*****************************
% 通过低通滤波器
```

```matlab
    [k,l] = butter(n,Wn);
Y= filter(k,l,x1);                        % 信号通过低通滤波器
figure(5);
plot(t,Y);
xlabel('时间(t)');
ylabel('幅值')
title('滤波后时域谱(巴氏滤波器)');
grid on;
% * * * * * * * * * * * * * * * * * * * * * * * * * * * * * * * *
% 两重自相关提取微弱信号
z= xcorr(Y,'unbiased');
[x2,lagss]= xcorr(z,'unbiased');
tt= lagss/fs;
figure(6)
plot(tt,x2,'b');
grid on;
title('两重自相关波形')
x22= zeros(1,49);
for n= 1:49
        for j=0:20
        x22(n)=x22(n)+Y(n+48*j);
        end
end
x22= x22/14;
t2= 0:48;
    figure(10)
plot(t2/fs,x22,'r');
title('周期算法波形')
grid on;
x2= x22;% 有三角函数自相关函数和原函数关系知
% * * * * * * * * * * * * * * * * * * * * * * * * * * * * * * * *
m2= mean(x2);                             % 求均值
v2= var(x2);                              % 求方差
w2= v2+m2^2;                              % 求均方值
% * * * * * * * * * * * * * * * * * * * * * * * * * * * * * * * *
% 进行 FFT 变换并做频谱图
y2= fft(x2,N);% 进行 fft 变换
magy2= abs(y2);% 求幅值
angley2= angle(y2);% 求相位
```

```matlab
fy2= (0:length(y2)- 1) * fs/length(y2);% 进行对应的频率转换
figure(7);
plot(fy2,magy2,'k',fy2,angley2,'r');% 做频谱图
xlabel('频率(Hz)');
ylabel('幅值与相位');
title('输出信号的频谱图');
grid on;
hold on;
% * * * * * * * * * * * * * * * * * * * * * * * * * * * * * * * * * * * * * * * *
% 求输出信号的自相关函数
[Ry2,lags2]= xcorr(x2,'coeff');% 求出自相关序列
lagst2= lags2/fs;
figure(8);% 画出图形
plot((lagst2),Ry2,'k');
xlabel('tao');
ylabel('Ry');
title('输出信号的自相关函数');
grid on;
hold on;
% * * * * * * * * * * * * * * * * * * * * * * * * * * * * * * *%
% 求输出信号功率谱
fc2= fft(Ry2);
cm2= abs(fc2);
f2= (0:length(fc2)- 1)' * fs/length(fc2);
figure(9)
plot(f2,cm2,'r');
xlabel('频率(Hz)');
ylabel('功率谱密度');
title('输出信号功率谱');
grid on;
hold on;
% * * * * * * * * * * * * * * * * * * * * * * * * * * * * * * * * * * * * * * *
```

四、实验结果参考波形

实验结果参考波形如图 6-4 所示。

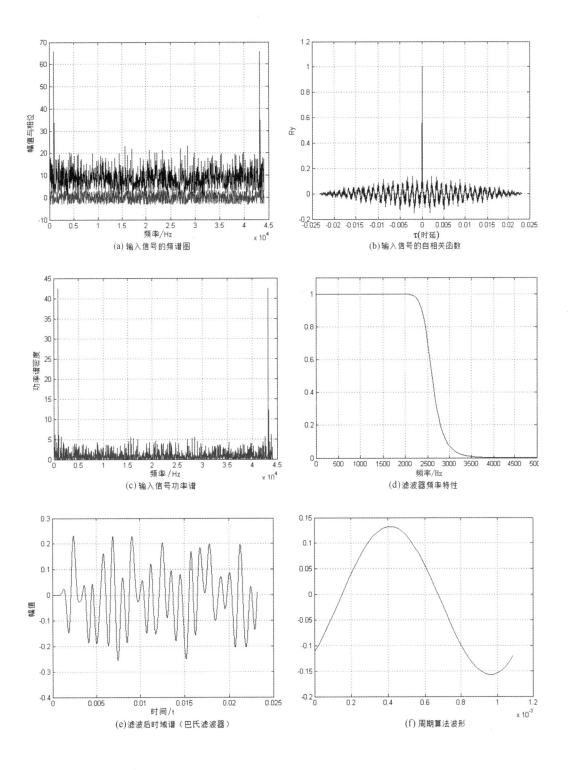

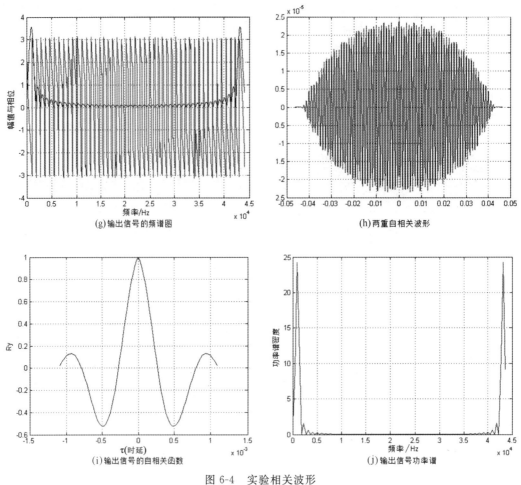

图 6-4 实验相关波形

五、实验注意事项

(1)在实验之前需要做准备工作,认真查看实验要求,对实验中的细节详细了解,做到心中有数。

(2)通过实验对随机信号的自身特性,如均值、方差、概率密度、相关函数、频谱及功率密度等进行体会和了解,掌握随机信号和微弱信号的检测及提取方法。

(3)本次实验对随机信号的处理均使用 MATLAB 编程实现,学习使用 MATLAB 对信号分析及处理,掌握使用 MATLAB 的编程的方法。

(4)掌握 MATLAB 制图工具,熟练直观绘制波形图,认识和分析随机信号的各种特性。

(5)培养独立分析问题和解决问题的能力,促进理论知识与实践的结合,增加学习兴趣。

第四节　微弱信号采集系统硬件总体设计实习内容

一、实习任务与要求

实习任务：设计微弱信号采集系统硬件总体方案，频带宽度为 0～100kHz，采集的电压信号为微伏级(μV)微弱信号。

实习要求：能够根据需求指标，设计出系统方案各单元。

本次实习针对微弱信号采集的硬件单元部分设计，主要实习内容为采集系统总体设计、相关理论和设计需求，明确具体技术指标，确定总体设计。

二、实习设计内容

完成微弱信号采集系统硬件总体设计方案框图和流程。

采集系统分为时钟和电源模块、滤波模块（含自适应滤波）、模数转换模块、FPGA 控制模块（含通信）、SRAM 存储模块 5 个模块。

(1) 时钟和电源模块：本设计所采用的芯片需要不同的时钟信号，因此需要基于各芯片的需求提供合理、稳定的时钟源。同时，运放等有源器件的性能会受到电源波动的影响，电源纹波更会直接影响其他模块的性能和稳定，因此必须设计相关滤波电路，削弱电源噪声并抑制电源纹波对数据采集设备的干扰。

(2) 滤波模块（含自适应滤波）：本模块将经典滤波和自适应滤波结合。经典滤波模块提供固定增益倍率的信号放大以及初步的噪声滤除，初步滤波的频带较宽（本书采用目标信号十倍频宽的低通滤波设计），保证带内平坦度。自适应滤波模块则作为本次设计的核心，主要功能是完成频带的自适应调整。自适应频带调整的目的是根据目标频率调整带通滤波器的中心频率，从而减弱宽带噪声的影响，提高信噪比。

(3) 模数转换模块：该模块的作用是将输入的模拟信号转换为可被计算机识别、存储和处理的数字信号。该模块要进行的主要工作是设计 ADC 附属电路，根据设计需求，计算和选择外围元器件的数值，并对 ADC 相关参数进行配置，以求最大限度发挥出 ADC 的性能。

(4) FPGA 控制模块（含通信）：本设计以 FPGA 作为主控制器，主要任务是调配 FPGA 内部的门级电路资源，编写控制逻辑，实现对各子模块的控制与协调，完成数据采集、传输以及与辅助控制器 ARM 的交互工作。

(5) SRAM 存储模块：设计 SRAM 存储芯片的外围电路并配置相关参数，以满足读写速率的要求。同时根据实际使用方式，采取相应措施，避免多端直连可能存在的隐患。

三、系统流程图

本次实习的整体结构如图 6-5 所示。

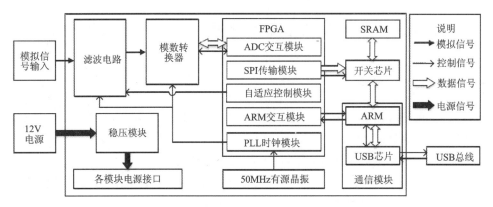

图 6-5 数据采集电路结构图

输入电压信号经过信号接口(本设计采用 SMA 接口)进入系统,在通道配置环节首先根据用户在上位机软件选定的量程(未选定则使用默认参数),改变通道增益来实现量程调整。信号进入低通滤波环节,在保证一定的带内平坦度的基础上,完成信号的初步滤波,削减噪声带宽。然后信号流入自适应滤波环节,通过测频算法的反馈,对信号进行窄带滤波,降低实时带宽,大幅减弱噪声干扰。经过窄带滤波后的信号,进入单端转差分环节,将单端信号转换成差分信号,进入 ADC 进行模数转换。完成模数转换后,ADC 输出的数字信号,由 FPGA 写入存储模块,供辅助控制器 ARM 取用并传入 USB 总线。数据经由 USB 总线传入上位机后,完成数据校验和数字滤波,并最终转换成十进制显示在上位机软件界面上。

第五节 采集系统硬件电路设计实习内容

一、实习内容和要求

采集系统电路设计,要求实现采集系统的硬件电路设计,了解各子模块的硬件结构,对关键电路进行分析及相应数值参数的计算。

二、时钟和电源设计

采集系统电路需要精准的时钟单元。本设计采用频率为 50MHz 的有源晶振作为主时钟源供给 FPGA,作为基准时钟使用。而 FPGA 内部的锁相环(PLL)可以对输入时钟进行分频或倍频,即可在 FPGA 容许的频率输出范围内,获取其他时钟。FPGA 时钟的可用频率范围覆盖了 400MHz 的频段,足以应对其他器件的需求。在各时钟需求中,ADC 芯片对时钟的抖动要求较高,其容许的最大时钟抖动(均方根)与多个因素有关,计算公式为

$$\eta(\%) = \frac{\sqrt{\mathrm{OSR}}}{2\pi f_{\mathrm{IN}} \times 10^{\mathrm{SNR(dB)}/20}} / \Delta t \tag{6-6}$$

式中:OSR 为 ADC 当前的过采样率;SNR(dB)表示以对数形式表示的预期信噪比;f_{IN} 为输入信号的最高频率;Δt 为当前所采用时钟的周期时长。

对于本设计 32 倍过采样率、100kHz 最高输入频率、96dB 预期信噪比、25ns 时钟周期的系统而言,根据式(6-6)可得 $\eta=0.571\%$。而对于 40MHz 的时钟需求而言,实际时钟频率的可接受范围为 $39.773\sim40.228\mathrm{MHz}$。本次设计采用 FPGA 的 PLL 环节作为时钟输出,同时后接高频与门作为输出缓冲,一方面可以对时钟输出进行整形,另一方面也提高了 PLL 输出的带载能力,防止由于负载过高造成时钟形变。只要时钟频率处于高频与门的工作频段内,整形后,都可以降低时钟抖动的。

时钟问题解决后,还需考虑电源模块。本设计的动态范围要求比较高,因此对于噪声非常敏感。而电源模块作为板上的一大噪声来源,必须慎重处理,尽量将电源模块对其他环节造成的影响降到最低,因此在电源模块的设计上,需要注意降噪问题并采取对应措施。一方面尽可能选择低噪声的稳压芯片,同时通过滤波电路降低电源噪声,使电源纹波满足器件需求;另一方面在 PCB 布局布线过程中,注意走线,将敏感器件远离电源,降低电源对周边器件的影响。

首先需要明确对象,本次设计所选用的器件都需要直流供电。因此在电源的传输线路上应采用"通直阻交"的感性元件进行滤波,同时采用"通交阻直"的容性器件将交流噪声入地,这就是电源的"一阶无源滤波"的基本模型。它从本质上来说属于低通滤波器(图 6-6)。

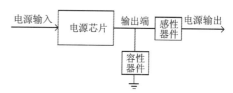

图 6-6 电源滤波模型示意图

无源滤波只使用电阻、电感、电容这类无源器件,结构并不复杂,同时没有使用有源器件,因此总体噪声更小。不过,由于无源器件的阻抗有限,使得无源滤波的输入损耗较大,信号容易失真。同时由于缺少运算放大器的阻断,无源滤波器的滤波参数容易随着负载的变化而发生变动,对于高精度采集的场合不适用。不过对于直流电源的整流滤波这类功率电路而言,无源滤波是可以胜任的。

三、数据采集电路设计

数据采集电路是数据采集系统的主体,衡量其性能的主要指标为带宽、量程和动态范围等,这些参数都需要一一考察,以保证其满足设计需求。比如作为数据采集核心的模数转换器(ADC),就必须选择综合性能能够完全覆盖这些条件的合理器件。同时,在模数转换器(ADC)外围电路搭建时,也要格外注意,尽可能发挥 ADC 的最佳性能。本次设计选用 ADI 公司的 AD7760 作为模数转换器,其功能指标与本书需求如表 6-1 所示。从表 6-1 中各项指标的对比可以看出,该 ADC 芯片是能够满足设计要求的。

表 6-1 AD7760 的指标对比

指标	通道数	分辨率	动态范围	采样率	宽带
本书需求	1	24bit	96dB	>200k SPS	100kHz
AD7760	1	24bit	120dB	48k~2.5M SPS	19.2~1MHz

注:SPS(Samples per second)表示每秒采样率。

一般情况下,只要能做好上述步骤就已经完成主体工作的大半了。但本设计的带宽高达100kHz,若不做对应处理,宽频带引入的噪声能量将降低信噪比。因此就需要应用自适应滤波技术。自适应滤波将根据测频算法,实时测定目标信号频率,并通过反馈调整自适应滤波环节(窄带可调滤波器)的中心频率,从而在宽带条件下达到窄带采集相近的效果。此外,本设计所采用的 ADC 最大只能接受±3.20V 的电压差,而设计上存在±10V 的电压差,同时很多器件的安全电压远低于这个值。因此,一旦发生误操作,将直接导致器件损毁、地线击穿甚至酿成火灾。为避免该问题,数据采集电路必须设定输入保护电路,防止错误操作对系统造成损害。只有同时做到以上几点,数据采集电路的设计才能具有初步的可行性。

四、低通滤波电路

本电路主要进行信号的初级滤波,在保证带内平坦度的基础上,降低带宽,衰减噪声,提高信噪比。常用的滤波电路有无源滤波和有源滤波两种。无源滤波器由无源器件组成,系统噪声小,结构简单。不过无源滤波器的通带增益和截止频率都会随着负载的变化而变化,使得实际滤波特性不满足高精度信号处理需求。究其原因是无源滤波网络的输入阻抗不够大而输出阻抗又不够小,因此在传输过程中,信号损耗过大。有源滤波电路就是为了应对这一问题而产生的。有源滤波电路相当于在无源滤波电路和负载之间插入了一个高输入阻抗、低输出阻抗的隔离装置,稳定了滤波特性。最简单的有源滤波器即是在无源滤波网络和负载之间加入一个电压跟随器,实现负载不影响滤波网络的目的。

常见的低通有源滤波模型有切比雪夫型滤波器、贝塞尔型滤波器和巴特沃斯型滤波器3种。三者在截止频率附近表现出不同的幅频特性:切比雪夫型滤波器的幅频特性曲线在截止频率附近最陡,但是存在峰值;贝塞尔型滤波器的幅频特性曲线无峰值,拥有三者最好的过渡特性,但在截止频率附近的陡度却是三者中最差;巴特沃斯型滤波器的幅频特性曲线无峰值,通频带曲线最平滑,在截止频率附近表现为单调递减,陡度介于切比雪夫滤波器和贝塞尔滤波器之间。

在滤波电路设计中,通常追求尽可能高的带内平坦度与带外抑制,同时也应考虑电路实现与调试的难易程度。综合上述因素,本设计最终采用具有最平滑带内特性与较高带外抑制的巴特沃斯型滤波模型作为初级滤波器。本设计所使用的低通滤波电路如图6-7 所示。图中为一个二阶巴特沃斯滤波器,通过配置各电阻电容的数值,可以将该滤波电路的截止频率调整为设定值。如前文所说,该滤波器可看作二阶无源 RC 滤波器后接正相比例放大器。正相比例放大器的增益 A_v 可由下式计算,即由电阻 R_4 与 R_3 的比例关系决定。

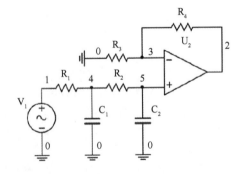

图 6-7 有源低通滤波电路示意图

$$A_v = 1 + \frac{R_4}{R_3} \tag{6-7}$$

为方便计算,比例调节电阻 R_4 取线路近似内阻 2Ω(实测值),而电阻 R_3 阻值为千欧姆级,则通道增益近似为1,电路中各滤波电容、其他电阻均取值相等,即 $R_1 = R_2 = R_3 = R_4$、$C_1 = C_2 = C$。事实上,滤波器是非理想的滤波器,如果直接将带宽设计为 100kHz,滤波器的带内平坦度会很差。经过测试,如果直接将滤波器带宽设置为 100kHz,则通道增益在 11kHz 处就已经低于 0.99 了。因此,通常采用多倍频设计,保证信号带宽内的衰减不至于过大。

本设计以十倍频带宽设计低通滤波器,即将截止频率设置为 1MHz,依照上述过程重新计算参数,可得滤波电容、电阻的数值关系应该满足 $RC = 5.956 \times 10^{-8}$。二阶低通滤波器通带幅频特性如图 6-8 所示。

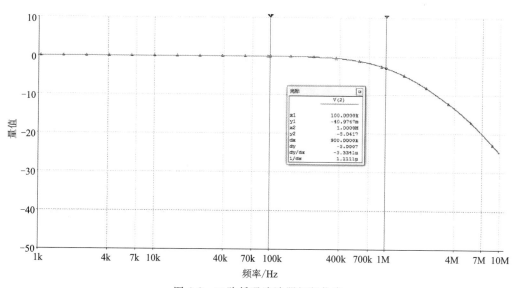

图 6-8　二阶低通滤波器幅频仿真

五、主控制器 FPGA 选择和存储电路设计

系统各大模块并不能独立工作,需要由控制器进行控制和协调,才能顺利完成数据采集的工作。相对于老式的控制器单片机而言,FPGA 的运行速度更快、内部缓存空间更大、用户可自定义 IO 更多、可拓展性更强。而相较于 ARM,它的以下两个特点使之更适合于本设计:①FPGA 拥有更高的并行度,即使是一块中低价位的 FPGA,在其内部多条指令也可以同时执行,大大提高了工作效率,这样的性能是同价位的单核 ARM 所无法比拟的;②FPGA 内部的锁相环(PLL)可以产生精准的时钟信号,而本设计采用的 ADC 芯片具有严格的时钟需求,而这一工作对于 FPGA 来说非常适合。因此,对于本设计来说,FPGA 是非常理想的控制器件。本次设计选用 Altera 公司的飓风四代(Cyclone Ⅳ)FPGA EP4CE15F17C8N 作为主控器,该款 FPGA 的相关指标与系统需求如表 6-2 所示。

表 6-2　EP4CE15F17C8N 与实习需求指标对比

指标	速度等级	PLL 需求	自定义 IO	逻辑资源数	内存容量
本书需求	8	1	102	3321	271kbits
EP4CE15F17C8N	8	4	165	15 408	504kbits

存储器件的选择，就更需要根据设计需求来进行选取了。本设计选用的采样率为 625k SPS，且每个采样点除 24bit 位数据位外，还带有 8bit 位状态位，合计 32bit 位。因此，实时数据传输速率高达 2.5MB/s。这样的读写速度是一般的存储芯片所无法达到的。同时，数据采集过程中还需要对存储芯片进行大量的数据覆写，因此高重复可用性也成为了不得不考虑的问题之一。不过，本设计对数据的存储容量要求并不高，同时并不要求其掉电保持，因此，能够快速反复擦写的小容量易失性存储器（SRAM）是一种合理的选择。同时，SRAM 的控制比较简单，本书使用的 SRAM 存储芯片，使用四线制 SPI 即可完成的数据读写，使用方便，对 PCB 的空间占用也较低，同时四个管脚的开销相较于其他动辄数十管脚的芯片来说，也节约了 FPGA 的 IO 资源。本设计选用微芯（Microchip）公司的 23LC1024 作为 SRAM 存储芯片，其主要指标与系统需求如表 6-3 所示。

表 6-3　23LC1024 与题目指标对比

指标	数据传输速率	存储容量	掉电保持	多次覆写
本书需求	2.5MB/s	256kB	否	是
23LC1024	2.5MB/s	128kB	否	是

从表 6-3 中可知，除了单块存储容量外，该款存储芯片能够满足设计需求。本次设计采用两块 23LC1024 芯片拼接的方式进行容量扩展以满足设计需求。同时，作为主控制器的 FPGA 和负责与上位机通信的 ARM 都需要存储器的读写权限，若直接连接，则会在三端形成压差，导致误码和器件损坏。因此，本设计采用单刀双掷开关来解决这一问题。在一个执行周期的存储过程中，开关将存储芯片 SRAM 的 SPI 接口与 FPGA 相连接，FPGA 向芯片中写入数据；而在上传过程中，开关将存储芯片 SRAM 的 SPI 接口与 ARM 相连接，在 ARM 的驱动下，读取芯片中的数据并通过桥接芯片将数据上传到上位机。通过开关芯片组的使能控制来规避三端直连导致的阻抗异常问题，这也是工程应用中常用的方法之一。由于本设计以每 10k SPS（对应数据容量为 40kB）为一个执行周期，而 ADC 的输出速率为 625k SPS，则所需开关频率为 62.5Hz。本设计选用 ADI 公司的 ADG734 作为开关芯片，开关切换时间为 19ns，在本设计的工作条件下，电子开关能够稳定工作。

第六节 信号自适应处理方面的实习内容

一、基于 BP 神经网络的信号脉内调制类型识别

1. 算法原理

Rumelhart 和 McClelland 于 1985 年提出的 BP 网络的误差反向后传(back propagtion, BP)学习算法,被广泛应用于模式识别、数据预测等领域。利用输出后的误差来估计输出层的直接前导层的误差,再利用这个误差估计更前一层的误差,如此一层一层反向传播(图 6-9)。

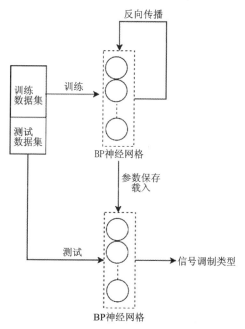

图 6-9 BP 神经网络的训练与测试过程

常见的 BP 神经网络由输入层、隐藏层以及输出层组成,每一层又由若干个神经元构成,每个神经元如图 6-10 所示。

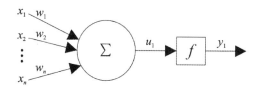

图 6-10 神经网络中单个神经元示意图

图中 u_1 表示输入信号与权重矩阵乘积之和,即 $u_1 = x_1w_1 + x_2w_2 + \cdots + x_nw_n$;$f$ 表示激活函数,一般使用 S 型函数 $f(x) = \dfrac{1}{1+e^{-x}}$。

BP 神经网络具有运算简单的特征,只需要调用预先训练好的相应权重矩阵即可。

2. 实现过程

基于上述理论,通过使用继承交叉权重系数的方式实现 BP 神经网络在误差传递过程中的优化,具体操作如下。

(1)初始化权重系数。

(2)反向传递与误差计算。

(3)达到指定训练次数后,终止训练并重新进行参数初始化,并根据前一矩阵进行局部梯度下降。

(4)完成模型的训练。

通过以上步骤即可识别出辐射源的调制特性信息。

3. 仿真分析

仿真流程如下。

输入:辐射源训练样本,辐射源实际样本。

输出:辐射源实际样本的调制特性。

(1)初始化,通过把采集到的辐射源信号进行归一化,使模型更具普适性。

(2)模型的训练。

　　权重矩阵随机初始化;

　　while 结果误差小于理想数值或达到最大训练次数 **do**

　　　　辐射源训练样本特征提取;

　　　　特征层层交织获得预测调制类型;

　　　　预测结果与真实结果比对,计算误差;

　　　　梯度下降,更新权重矩阵系数。

　　end

(3)模型迁移,将训练好的模型载入实际场景设备。

(4)真实预测,将辐射源实际样本输入模型,分析判断调制特性。

设计的 BP 神经网络结构如图 6-11 所示,其中包含 401 个神经元的输入层,32 个神经元的隐藏层以及 5 个神经元的输出层。

选用 2PSK、LFM、MPSK、NLFM 以及单一频率信号中 401 个数据点作为训练集与测试集,其中频率选取遵循[5,20]以及[1,500]高斯分布,共计 5000 个样本。随机选取其中 4000 个作为训练样本,1000 个作为测试样本进行仿真。优化后 BP 神经网络的误差收敛结果如图 6-12 所示,对应测试集正确率数据如表 6-4 所示。

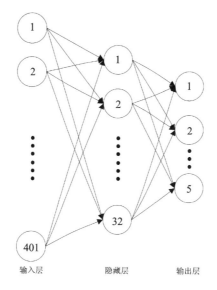

图 6-11　BP 神经网络示意图

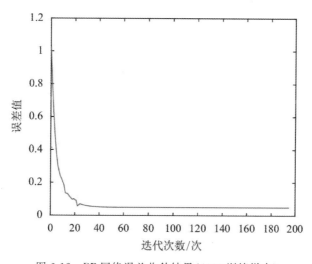

图 6-12　BP 网络误差收敛结果(4000 训练样本)

表 6-4　各个类型信号识别正确率与平均正确率

信号	2PSK	LFM	MPSK	NLFM	单一频率	平均正确率
正确率	95.69%	92.27%	96.60%	93.36%	98.96%	95.40%

二、基于卷积神经网络的信号脉内调制类型识别

1. 算法原理

设计一种卷积神经网络(CNN)对脉内调制特性进行智能化分析,研究信号的脉内调制特

点,流程如图 6-13 所示。

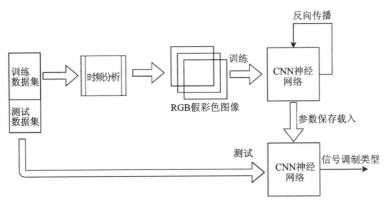

图 6-13　CNN 训练与测试过程

卷积神经网络的基本思想是局部连接、权值共享、空间或时间上的采样。由于卷积神经网络的这 3 个特点,使其对输入数据在空间(主要针对图像数据)上和时间(主要针对时间序列数据)上的扭曲具有很强的鲁棒性和网络泛化能力。典型的卷积神经网络主要包含卷积层和采样层两个部分。

在卷积层,用一个可训练的卷积核去卷积上一层的几个输出的图像(第一阶段是输入图像,后续阶段即是卷积特征 Feature Map),卷积核以一定步长在特征图像上"滑动",每滑动一次做一次卷积运算,最终得到此层的一个 Feature Map,这样每个特征图可能与上层的特征图建立联系。每一个卷积核可提取一种特征,有 n 个卷积核就可得到 n 个 Feature Map,即表示提取到了 n 种特征。然后添加偏置 b,得到卷积层,计算公式如式(6-8)所示。

$$x_j^{(l)} = f\Big(\sum_{i \in M_j} x_i^{(l-1)} * k_{ij}^{(l)} + b_j^{(l)}\Big) \tag{6-8}$$

式中:"*"为卷积运算符号;$x_j^{(l)}$ 为第 l 层卷积后第 j 个神经元的输出;$x_i^{(l-1)}$ 表示第 $l-1$ 层的第 i 个神经元的输出;$k_{ij}^{(l)}$ 为第 l 层卷积核;$b_j^{(l)}$ 为第 l 层偏置;$f(\cdot)$ 为激活函数;M_j 代表输入层的局部感受野。

采样层是对上一层 Feature Map 的采样处理,采样的方法有均值采样、最大值采样、重叠采样等。采样层的计算公式如式(6-9)所示。

$$x_j^{(l)} = f(\beta_j^{(l)} down(x_j^{(l-1)}) + b_j^{(l)}) \tag{6-9}$$

式中:β 为不同的特征图的系数;$down(\cdot)$ 表示一个采样函数。

卷积神经网络一般采用卷积层与采样层交替设置,每个层有多个 Feature Map,每个 Feature Map 通过一种卷积核提取输入的一种特征,然后每个 Feature Map 有多个神经元,这样卷积层提取出特征,再进行组合形成更抽象的特征,最终形成对图片对象的特征描述,即辐射源的调制特性。

2. 实现过程

卷积神经网络算法采用了正向传播计算网络输出值,反向传播调整网络权重和偏置。本书的 CNN 网络结构包含 5 个隐含层,由 2 个卷积层、2 个池化层、1 个全连接层组成。在该网络中,激活函数为 ReLU,池化层的池化方式为最大池化,目标函数为交叉熵。

卷积层的每一个 Feature Map 都与上层的所有 Feature Map 相关联,卷积层的每一个特征 Feature Map 是不同的卷积核在前一层所有 Feature Map 上做卷积并将对应元素累加后加一个偏置,再经过激活函数求得到的。卷积层的 Feature Map 个数是由网络初始化指定的,而卷积层的 Feature Map 的大小是由卷积核和上一层输入 Feature Map 的大小决定的,假设上一层的 Feature Map 大小是 $n \times n$、卷积核的大小是 $k \times k$,则该层的 Feature Map 大小是 $s=(n-k+1) \times (n-k+1)$。

3. 仿真分析

仿真流程如下。

输入:辐射源训练样本,辐射源实际样本。

输出:辐射源实际样本的调制特性。

(1)初始化,通过把采集到的辐射源信号进行归一化,使模型更具普适性。

(2)时频分析,进行快速时频分析获得归一化信号时频分布。

(3)模型的训练:

    卷积核与映射矩阵随机初始化;

    while 结果误差小于理想数值或达到最大训练次数 **do**

        辐射源训练样本时频特征的卷积映射;

        映射新空间的主要特征池化;

        池化结果的交织融合,获得预测结果;

        预测结果与真实结果比对,计算误差;

        梯度下降,更新卷积核与映射矩阵系数。

    end

(4)模型迁移,将训练好的模型载入实际场景设备。

(5)真实预测,将辐射源实际样本输入模型,分析判断调制特性。

选用 2PSK、LFM、MPSK、NLFM 以及单一频率含噪声信号其中 401 个数据点的时频分布,共计 2500 个样本作为训练集与测试集,如图 6-14 所示。

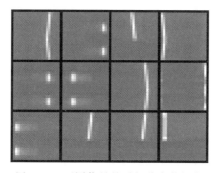

图 6-14 不同信号的时频分布数据集

训练测试过程中的误差值与平均正确率如图 6-15 所示。

通过图 6-15 可以看出,随着训练次数的增加测试集的误差值逐渐下降,正确率不断上升

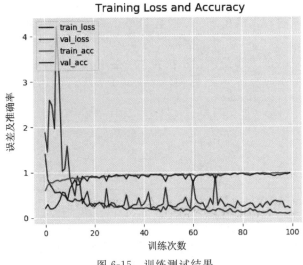

图 6-15 训练测试结果

直至接近 100%,同时测试集的误差值虽存在较大波动,但整体呈现下降的趋势,正确率也逐步上升并不断接近测试集正确率。因此,可以认为卷积神经网络对于信号脉内调制类型识别是十分有效的。

三、基于 STFT-PCA-朴素贝叶斯分类的信号脉内调制类型识别

1. 算法原理

贝叶斯分类器(Bayes Classifier)与一般意义上的"贝叶斯学习"(Bayesian Learning)有显著区别,前者是通过最大后验概率进行单点估计,后者则是进行分布估计。贝叶斯网为不确定学习和推断提供了基本框架,因其强大的表示能力、良好的可解释性而广受关注。

大多情况下涉及的训练样本不是固定且有限的,因此朴素贝叶斯分类器有着相较于其他方法更好的参数提炼能力。本项目利用"属性条件独立性"假设作为核心,将每一个雷达信号时频图像中提取到的信息都作为单独条件,使得这些条件都对参数提取模型建立起作用,实现了较少数据的条件概率验证模型的建立,并依据该模型作为后续平台移植的先验概率模型。

2. 实现过程

本书采用一种基于 STFT-PCA-朴素贝叶斯对脉内调制特性的智能化分析方法,其中 STFT 时频分析提取时频聚集度较高的脉内信号特征,往往这些特征是稀疏的,因此通过将整幅时频图像转换投影空间实现了对稀疏信号的高质量特征保留提取,而后将投影重建的特征传递给朴素贝叶斯分类器建立先验概率模型,生成能够进行信号脉内调制类型识别的模型,其大致流程如图 6-16 所示。

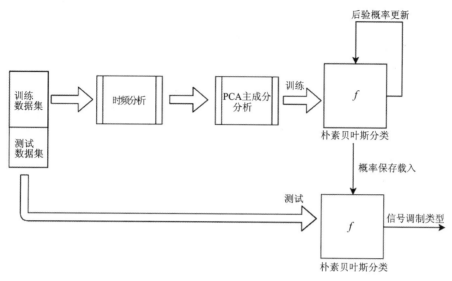

图 6-16　STFT-PCA-朴素贝叶斯分类训练与测试过程

3. 仿真分析

仿真流程如下。

输入：辐射源训练样本，辐射源实际样本。

输出：辐射源实际样本的调制特性。

(1) 初始化，通过把采集到的辐射源信号进行归一化，使模型更具普适性。

(2) 时频分析，进行快速时频分析获得归一化信号时频分布。

(3) 主成分分析，对时频分布共形映射进行主成分提取。

(4) 模型的训练：

　　while 结果误差小于理想数值或达到最大训练次数 do

　　　　辐射源训练样本时频主成分的特征提取；

　　　　特征朴素贝叶斯后验概率计算；

　　　　全概率后验概率计算，获得预测结果；

　　　　预测结果与真实结果比对，计算误差；

　　　　后验概率更新。

　　end

(5) 模型迁移，将训练好的模型载入实际场景设备。

(6) 真实预测，将辐射源实际样本输入模型，分析判断调制特性。

通过使用与卷积神经网络同样的时频分布数据集，进行贝叶斯网络的训练与测试，利用 PCA 技术进行去噪处理，其识别正确率与降维度数之间变化关系如图 6-17 所示，具体数据如表 6-5 所示。

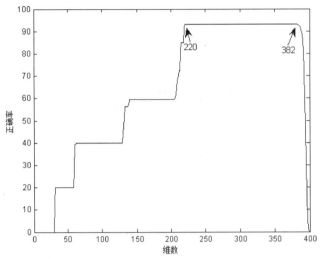

图 6-17 识别正确率与降维度数的变化关系

表 6-5 识别正确率与降维度数之间的关系

维度	400	390	300	180	150
总正确率/%	0	56.00	93.00	56.20	40.00

通过对比表 6-5 中的数据，在原始数据上进行 PCA 预处理后，得到了降维数据，然后再用朴素贝叶斯来进行信号调制类型识别，准确率有显著的提高。由于数据中包含噪音，通过 PCA 对原始数据降维在某种程度上起到了去噪的效果，而且也更加凸显了数据主要的特征，从而使得朴素贝叶斯算法在降维后的数据上做训练得到的模型，在测试集上的识别正确率更高。同时，当保留的主成分过少时仍会出现识别正确率下降的问题，因此，220~382 维度可以被当作最佳维度。

四、基于 SVM 的信号脉内调制类型识别

1. 算法原理

支持向量机以结构风险最小化代替常用的经验风险最小化作为优化准则，在理论上可取得更好的推广性能，能够在先验知识和训练样本较少的情况下获得良好的效果。

支持向量机的目的是求出二分类问题的最优分类超平面，其基本思想概括如下：首先通过非线性变换将输入空间变换到一个高维空间，然后在新空间中求取最优线性分类超平面。设给定训练样本

$$(x_1, y_1), (x_2, y_2), \cdots, (x_n, y_n), x_i \in R, y_i \in \{+1, -1\}, i=1,2\cdots n \quad (6\text{-}10)$$

式中：x_i 为输入模式集；y_i 为类别索引。

如 x_i 属于第 1 类,记 y_i 为+1;否则记 y_i 为-1。学习的目标是要构造一个判别函数,将 2 类模式尽量正确分开。该问题可转化为如下的求解最优化问题,在约束条件 $y_i((w*x_i)+b) \geqslant 1-\xi_i$ 和 $\xi_i > 0$ 下,最小化函数为

$$\Phi(w) = \frac{1}{2}\|w\|^2 + c\sum_{i=1}^{n}\xi_i \tag{6-11}$$

式中:w 为分类面权系数向量;b 为分类阈值;c 是惩罚因子,大于 0;ξ_i 为训练样本关于分离超平面的偏差,当训练样本线性可分时 $\xi_i = 0$,否则 $\xi_i > 0$。

可见,求解该问题需折中考虑最大分类间隔和最少错分样本。上述问题又可以通过二次规划转化为如下的对偶问题。

在约束条件 $\sum_{i=1}^{n} y_i\alpha_i = 0$ 和 $0 \leqslant \alpha_i \leqslant c, i = 1, 2, \cdots, n$ 下,最大化函数为

$$W(\alpha) = \sum_{i=1}^{n}\alpha_i - \frac{1}{2}\sum_{i=1}^{n}\sum_{j=1}^{n}y_iy_j\alpha_i\alpha_j K(x_i, x_j) \tag{6-12}$$

式中:$K(x_i, x_j)$ 为核函数。

先前通过非线性变换将输入空间变换到了一个高维空间,而核函数可以把高维空间中的复杂的内积计算用原来输入空间的简单函数的求值来代替。常用的核函数有以下 3 种。

(1) 多项式核函数。

$$K(x_i, x_j) = [(x_i, x_j) + 1]^d \tag{6-13}$$

(2) 径向基核函数(RBF)。

$$K(x_i, x_j) = \exp\left\{-\frac{\|x - x_i\|^2}{\sigma^2}\right\} \tag{6-14}$$

(3) Sigmoid 核函数。

$$K(x_i, x_j) = \tan(v(x_i * x_j)) + c \tag{6-15}$$

从式(6-12)求得最优解 $\boldsymbol{\alpha}^* = [\alpha_1^*, \alpha_2^*, \cdots, \alpha_n^*]^T$,并任意选取 $\boldsymbol{\alpha}^*$ 的一个正分量 $0 < \alpha_j^* < c$,从而计算阈值

$$b^* = y_i - \sum_{i=1}^{n} y_i\alpha_i^* K(x_i, x_j) \tag{6-16}$$

进一步得到决策函数

$$f(x) = \text{sgn}\left(\sum_{i=1}^{n}\alpha_i^* y_i K(x, x_i) + b^*\right) \tag{6-17}$$

从而实现了对二分类问题的最优分类,判别出调制信息。

2. 实现过程

将传统的 SVM 二分类问题转化为多分类问题的方法是将 K 分类问题转化为 K 个二分类问题。构造 K 个 SVM 分类器分别对类样本进行识别,对于其中的第 i 个 SVM 分类器,将第 i 类的所有样本视为一类,作为正样本,标号是 1,而将其余所有类别的样本视为一类记作负样本,标号是-1。在测试阶段,对于待分类的测试样本,选择 K 个 SVM 分类器中判决值最大的对应的类别作为其类别。对比不同内核的分类器的分类效果,本方案采用高斯内核。

3. 仿真分析

仿真流程如下。

输入：辐射源训练样本，辐射源实际样本。

输出：辐射源实际样本的调制特性。

(1) 初始化，通过把采集到的辐射源信号归一化，使模型更具普适性。

(2) 分训练集和测试集。

(3) 选择核函数，交叉验证寻找最佳参数。

(4) 模型的训练：

  while 结果误差小于理想数值或达到最大训练次数 **do**

    计算参数与支持向量；

    得到分类器。

  end

(5) 模型测试，将训练好的模型载入实际场景设备进行测试。

(6) 真实预测，将辐射源实际样本输入模型，分析判断调制特性。

数据集在原始的 5 种信号中产生，分别对 5 种信号的频率量 Freq 做改变。本书使用的频率为以原始信号频率的中心值作正态分布，每种信号产生 500 组，由于每组信号包含 50 000~100 000 个样本点，训练难度很大。观察信号的时频谱特征发现信号的前半部分即可表示信号。通过将数据集裁剪得到前 40%，再将前 40% 点稀疏化处理选出 200 个点，作为训练样本。每组信号数据集为 500×200 矩阵。合并后数据集为 2500×200 矩阵。添加标签 1~5 分别对应 5 种信号。

仿真结果如图 6-18、图 6-19 所示。

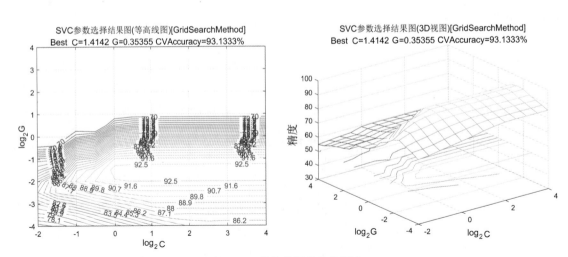

图 6-18 分类器最优参数调节

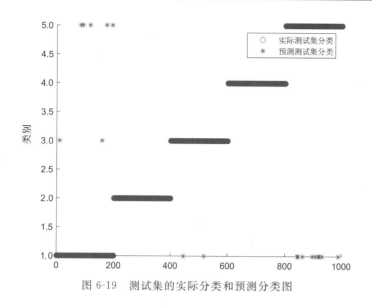

图 6-19　测试集的实际分类和预测分类图

分类器使用参数自动调优功能,通过迭代算法自动调整 SVM 算法的 C、Y 值。最终结果中训练准确度分别为 0.965 0、1、0.990 0、1、0.955 0,这已经有了相当高的精确度。SVM 相比神经网络训练速度快,对设备要求低,准确率高。

五、基于 VMD 的同步提取短时分数阶傅里叶变换算法

1. 算法原理

短时分数阶傅里叶变换(STFrFT)是将短时傅里叶变换推广到分数域而得到的一种分数域时频分析方法。与传统 STFT 相比,STFrFT 是将信号转化到分数域时频二维空间进行表示。

本书提出将同步提取变换(synchroextracting transform,SET)和变分模态分解(variational mode decomposition,VMD)与 STFrFT 相结合的思想,得到基于 VMD 的同步提取 STFrFT 算法(Pro-STFrFT)。SET 技术以 STFrFT 的处理结果为基础构建同步提取算子,提取 STFrFT 时频分布中脊线位置的时频系数,作为信号瞬时频率的估计值,由此得到高聚集度的时频分布。VMD 算法的作用则是将多分量信号分解为单分量的集合,对每个分量单独匹配最优旋转阶数,解决多阶匹配问题,用于雷达信号时频分析特征的学习,算法总体方案如图 6-20 所示。

2. 实现过程

基于 VMD 的同步提取 STFrFT 算法的主要思想是采用前期和后续的优化策略,将同步提取技术用于优化 STFrFT 时频谱,有效提高信号时频分布的时频聚集度。同时利用 VMD 算法解决多分量信号无法匹配多个最优旋转阶数的问题,并提高算法的抗噪声性能。SET 算

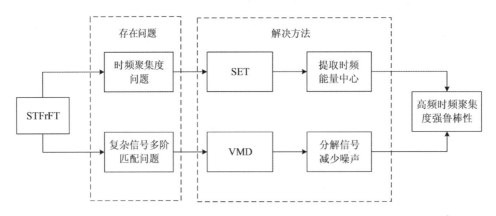

图 6-20 基于 VMD 的同步提取 STFrFT 算法(Pro-STFrFT)的总体方案图

法是对 STFrFT 时频分布进行时频脊线提取,以提高时频图的聚集度,增强可读性,更为精确地识别信号信息。VMD 算法的作用是将多分量信号分解为单分量的集合,以达到每个分量都可以匹配到最优旋转阶数的目的,并降低噪声对有效信号的干扰。基于 VMD 的同步提取 STFrFT 算法步骤如图 6-21 所示。

(1)对输入信号进行阶数在[0,2]范围内的 FrFT 计算。

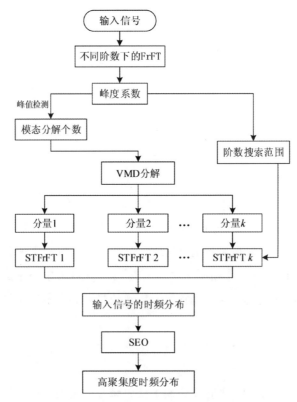

图 6-21 Pro-STFrFT 算法流程图

(2)计算不同阶数下 FrFT 的峰度系数,并找出峰度系数的峰值个数 K,作为 VMD 算法的输入参数。同时为了提高后续 STFrFT 中最优阶数的匹配速度和精度,可根据峰度系数的峰值所对应的最大阶数和最小阶数设置阶数搜索范围。

(3)对输入信号进行 VMD 分解,得到可以表示信号的分量集合。

(4)对每个分量进行局部最优 STFrFT 计算,得到每个分量 STFrFT 时频图。

(5)将分量的时频分布进行叠加,得到原始输入信号的时频表示。

(6)计算同步提取算子 SEO,并对信号的 STFrFT 时频表示进行同步提取,得到信号高聚集度的时频分布。

(7)在这一基础上,对时频图像进行特征提取。

3. 仿真分析

目前针对 Pro-STFrFT 算法,做如下仿真。以一个三分量的非线性调频信号为例,研究 Pro-STFrFT 算法在处理多分量非平稳信号时的有效性思路。仿真信号的表达为

$$\begin{cases} x_2(t) = x_{21}(t) + x_{22}(t) + x_{23}(t) \\ x_{21}(t) = \sin(5\pi(24t + 2\sin(5t))) \\ x_{22}(t) = \sin(7\pi(38t + 10\sin t)) \\ x_{23}(t) = \sin(2\pi(50t^2 + 300t)) \end{cases} \tag{6-18}$$

时间区间为$[0,1]$,采样频率为 1000。信号由 3 个分量组成,一个分量为线性调频信号,另外两个为周期不同的正弦调频信号,仿真流程如下。

输入:不同辐射源训练样本。

输出:信号时频分布图。

(1)初始化,确定相关参数,主要包括原信号、窗函数、窗长度、重叠点数、采样频率、傅里叶点数等。

(2)计算不同阶数下 FrFT 的峰度系数。

(3)对输入信号进行 VMD 分解。

(4)对每个分量进行局部最优 STFrFT 计算,得到每个分量 STFrFT 时频图。

  while 得到局部最优 **STFrFT** 时频图 **do**

    分量的时频分布进行叠加;

    得到原始输入信号的时频表示。

  end

(5)对信号的 STFrFT 时频表示进行同步提取,得到信号高聚集度的时频分布。

(6)对时频图像进行特征提取。

图 6-22 中给出了仿真信号的时域波形、理想频率曲线以及多种时频分析方法得到的时频分布图。

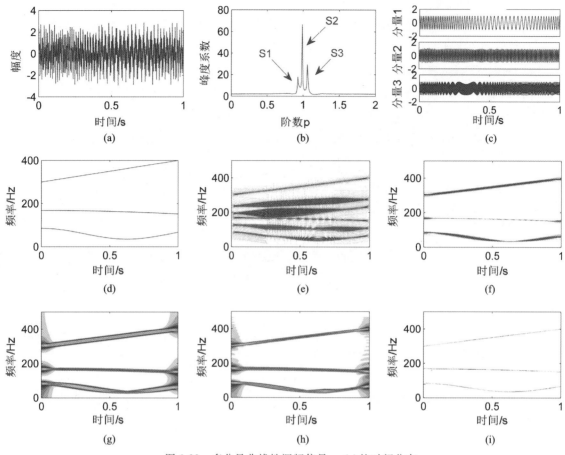

图 6-22　多分量非线性调频信号 $x_2(t)$ 的时频分布

(a)时域波形；(b)不同阶数下 FRFT 的峰度系数；(c)实际分量(蓝色)和 VMD 分解得到的分量
(红色)；(d)理想频率曲线；(e)WVD；(f)SST；(g)STFT；(h)STFrFT；(i)Pro-STFrFT

利用 Pro-STFrFT 算法处理仿真信号时，使用基于 FrFT 的 VMD 参数优化方法，得到不同阶数下的 FRFT 谱进行峰度系数。如图 6-22(b)所示，程序可检测出 3 个峰值，作为 VMD 算法的输入参数。对信号进行 VMD 分解，得到信号分量与实际分量的时域波形吻合程度较好。将每个分量的局部优化 STFrFT 结果叠加得到如图 6-22(h)所示的结果，再进行同步提取后得到如图 6-22(i)所示的时频分布，可以看出图 6-22(i)的时频聚集度有明显提高。在传统的时频分析方法[图 6-22(e)、(g)]中，STFT 的频率曲线为带状，聚集度较差，WVD 时频分布中出现多个交叉项，实际频率曲线难以识别。从时频分布图上直观比较，SST 算法与基于 Pro-STFrFT 算法的聚集度较为相近，但从表 6-6 中瑞利熵的比较可以看出，Pro-STFrFT 的瑞利熵较小，说明其时频聚集度较高。从不同时频分布局部放大图中(图 6-23)，可以发现 SST 中 3 个分量的能量值不同，与表达式定义的信号幅度恒定存在误差，而 Pro-STFrFT 得到的时频表示能量分布均匀，频率曲线更为光滑清晰。

表 6-6　信号不同时频分布的瑞利熵

WVD	SST	STFT	STFrFT	Pro-STFrFT
16.279 4	12.111 3	15.664 3	13.566 7	11.981 1

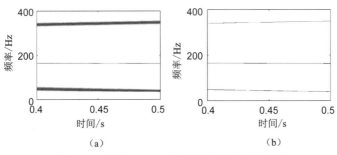

图 6-23　信号 $x_2(t)$ 不同时频分布的局部放大
(a)SST；(b)Pro-STFrFT

六、倒谱多重同步压缩变换算法

1. 算法原理

多重同步压缩变换算法(MSST)在 SST 基础上发展而来，属于后处理算法，通过多次迭代应用多个 SST 操作，从频率方向对时频系数进行重分配且无信息丢失，将时频表示的能量以阶梯的方式集中，重构信号，表述式为

$$T_s^{[N]}(t,\eta) = \int_{-\infty}^{+\infty} T_s^{[N-1]}(t,\omega)\delta(\eta - \overline{\omega}(t,\omega))\mathrm{d}\omega \tag{6-19}$$

MSST 原理及实现过程如图 6-24 所示。

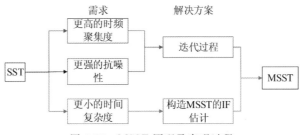

图 6-24　MSST 原理及实现过程

倒谱(De-shape)是将信号的频谱取对数，再将结果进行傅里叶变换，得到信号在倒频域的倒频谱。倒谱可以将时域中卷积的两个或多个信号变换到倒频域中成为相加的信号，进而可以采用线性滤波的方法分离信号。倒谱的这一特性使得对原始信号的识别与分离变得容易，有助于信号分量之间的分离和过滤信号中的噪声，因此，将倒谱与多重同步压缩算法结合得到倒谱多重同步压缩变换算法(De-shape MSST)。

2. 实现过程

本书采用一种基于倒谱多重同步压缩变换算法（De-shape MSST），首先将 STFT 时频分析算法作为 MSST 的时频基础表示，然后执行基于该时频分析算法的多重同步压缩算法，以产生高聚集度的近似理想的时频表示，最后将倒谱与多重同步压缩算法结合，以获取雷达辐射源信号的时频分析特征，流程如图 6-25 所示。

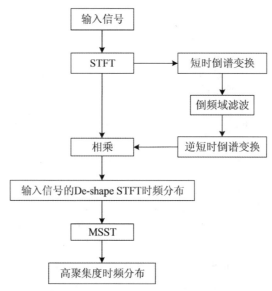

图 6-25　De-shape MSST 算法流程图

本书引进倒谱的概念，提出 De-shape MSST 方法，在保证 MSST 时频聚集度的同时，降低时域信号中噪声干扰对时频表示产生的不良影响，进一步提高时频表示的可读性。De-shape MSST 算法的总体方案如图 6-26 所示。

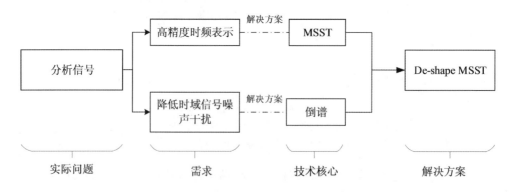

图 6-26　De-shape MSST 算法总体方案图

3. 仿真分析

仿真流程如下。

输入:辐射源训练样本,辐射源实际样本。
输出:辐射源实际样本的调制特性。
(1)初始化,通过把采集到的辐射源信号进行归一化,使模型更具普适性。
(2)利用 STFT 计算输入信号的时频。
(3)计算短时倒谱变换的逆变换,将信号的频率从倒频域重新变换回频域。
(4)将步骤(2)中得到的时频表示与步骤(3)中得到的逆短时倒谱变换相乘,得到 De-shape 短时傅里叶变换,进行 MSST,得到高聚集的时频。
(5)模型的训练:
  while 结果误差小于理想数值或达到最大训练次数 do
    辐射源训练样本时频主成分的特征提取;
    STFT 时频计算,短时倒谱变换逆变换计算;
    MSST 计算分析;
    高聚集度时频分析。
  end
(6)模型迁移,将训练好的模型载入实际场景设备。
(7)真实预测,将辐射源实际样本输入模型,分析判断调制特性。

本方法在做初步的仿真实验的基础上,还做了算法的量化评价,在不同信噪比下,采用频率聚集度(CM)值为量化函数,CM 值代表了频率分量的峰值能量与总能量之间的归一化比率。CM 值越高代表频率聚集度越高,算法的性能越好。CM 值变化趋势如图 6-27 所示。

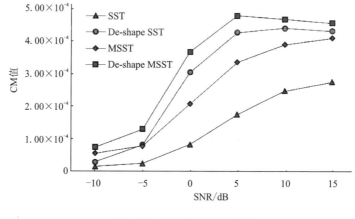

图 6-27 CM 值变化趋势图

从图 6-27 的对比中,我们可以得出倒谱多重同步压缩变换算法(De-shape MSST)的频率聚集度最高,性能最优。

七、雷达辐射源信号的功率谱特征

1. 算法原理

雷达辐射源信号具有非平稳随机信号的特点,我们采用具有统计特性的功率谱估计,功率谱为功率谱密度(power spectral density,PSD)的简称,定义了单位频带内信号功率随频率的分布情况。

根据谱估计方法的特点和本书的处理需求，本书采用基于粒子群卡尔曼滤波算法 AR 模型（AR model based on particle Swarm optimization-kalman filter，PSO-Kalman AR）。该模型采用粒子群优化算法优化卡尔曼滤波算法的初始参数，使粒子的最佳位置尽可能出现在接近真实值的范围内，仅通过时间序列变量的自身历史观测值，来反映有关因素对预测目标的影响和作用，不受模型变量相互独立的假设条件的约束，建模过程简单，完成对雷达辐射源信号的功率谱估计，作为后续发育发现模型的输入参量之一，其大致流程图如图 6-28 所示。

图 6-28　基于 PSO-Kalman AR 模型的雷达辐射源信号功率谱估计流程图

2. 实现过程

本书采用一种基于粒子群卡尔曼滤波算法 AR 模型算法，利用粒子群算法搜索能力强、收敛速度快、参数设置少、程序易实现和无需梯度信息等特点，提升卡尔曼滤波算法计算效率和精度，使卡尔曼滤波能够更快地处理雷达辐射源信号，提高滤除噪声的效果，为 AR 建模提供信噪比较高的雷达辐射源数据，可以较好地展现雷达辐射源信号的功率谱估计分布，正确地刻画信号的频率谱密度，其算法大致流程图如图 6-29 所示。

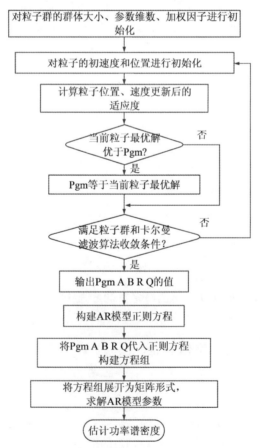

图 6-29　基于粒子群卡尔曼滤波算法 AR 模型流程图

通过基于粒子群卡尔曼滤波算法 AR 模型来估计雷达辐射源信号的功率谱,为协同融合发育发现模型提供信号的功率谱估计预测值。

3. 仿真分析

仿真流程如下。

输入:辐射源训练样本,辐射源实际样本。

输出:辐射源实际样本的调制特性。

(1)初始化,通过把采集到的辐射源信号、参数维数、加权因子等进行归一化,使模型更具普适性。

(2)对雷达辐射源信号进行适应度分析。

(3)更新并迭代计算。

(4)模型的训练:

  While 结果误差小于理想数值或达到最大训练次数 **do**

    辐射源训练样本提取;

    适应度分析计算;

    预测结果与真实结果比对;

    更新迭代;

    带入基本卡尔曼滤波器计算。

  end

(5)模型迁移,将训练好的模型载入实际场景设备。

(6)真实预测,将辐射源实际样本输入模型,分析判断调制特性。

原始雷达辐射源信号、未经优化卡尔曼滤波的辐射源信号和经优化卡尔曼滤波的辐射源信号,仿真对比如图 6-30 所示。

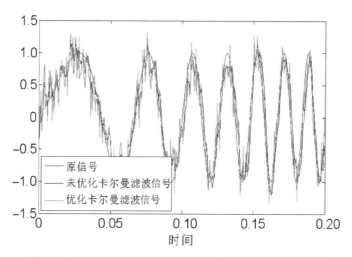

图 6-30 基于粒子群卡尔曼滤波算法 AR 模型的运行结果

通过对比,我们可以得出通过基于粒子群卡尔曼滤波算法 AR 模型来估计雷达辐射源信号的功率谱,能更好地为协同融合发育发现模型提供信号的功率谱估计预测值。

八、基于卷积神经网络的协同融合模型

协同指协调两个或两个以上不同的个体或者资源,使他们能够协同一致的达到某一目的。经过时频分析之后雷达辐射源特征参数和辐射源信息有很多,将他们综合分析得到我们所需的综合度较高的特征参数就要用到模型融合。模型融合就是训练多个模型或者是对于多数据元采用不同的处理算法,然后按照一定的方法集成多个模型所得的推荐参数,其原理理解起来容易、实现起来也简单,同时效果有了明显的提高。

基于神经网络的雷达辐射源识别是将雷达辐射源特征参数和辐射源信息(雷达型号、工作模式等)作为神经网络的输入和输出,通过调整内部神经元权重及连接方式等信息构建神经网络模型,使损失函数达到最小。利用构建的模型对信号进行处理即可获得辐射源的扫描特征等参数与时频特征融合池化层。

将深度学习用于雷达辐射源识别是国内外研究者的最新课题,通过构建深度神经网络,可以将复杂的底层信号特征,通过神经网络传递,实现非线性的函数逼近,从而完成对雷达辐射源的特征提取,以供之后的威胁等级判断。本书通过监督学习提取辐射源信号的特征进行分类识别,典型深度学习模型是卷积神经网络。利用 CNN 在解决计算机视觉任务上的强大性能,对雷达辐射源信号进行一定的变换,提取其二维图像特征,即前文提到的时频分布特征作为样本训练 CNN 模型,然后进行分类识别。对雷达辐射源信号进行短时傅里叶变换(short time fourier transform, STFT)得到调制信号的时频分布,用 CNN 进行分类识别,针对低信噪比条件下模型区分双相移相键控(BPSK)和普通信号效果差的问题,设置 STFT 最大时间累积量阈值,实现对上述两类信号的有效识别。同时将 CNN 与强化学习相结合,利用 CNN 自动提取雷达辐射源信号包络前沿特征,并拟合当前状态动作时的 Q 值,通过强化学习模型完成辐射源个体识别。

深度学习是更深层的人工神经网络,它将特征工程自动化,自动学习数据中全面的关键信息,提取数据更本质的特征。在训练样本充足的前提下,能够获得非常好的识别率和鲁棒性,在解决大数据量、高复杂度、高维特征参数方面有很好的效果。它的缺点是模型太大,超参数过多,训练时间较长,依赖大规模带标签数据,而实际中获取大量的非合作雷达辐射源数据存在一定的困难。

CNN 具备二维特征深度学习能力,为避免人为确定卷积核类型,采用不同尺度卷积核扩展网络广度。输入二维时频信号,各卷积层通过小卷积核组合获取强力特征。第一卷积层采用 7 个 3×3 卷积核和 3 个 5×5 卷积核提取特征,得到 10 通道特征图;第二卷积层采用 4 个 3×3 卷积核和 8 个 5×5 卷积核得到 12 通道特征图。CNN 拓扑结构图如图 6-31 所示。

各卷积层输出激活函数为

$$f(x) = \max(0, x) \quad (6\text{-}20)$$

为降低计算量,卷积层后加入最大池化层。输出层数据 $x_i (i=1,2,\cdots,8)$,采用 softmax 分类器进行处理,分类识别结果 R 为

$$R = \max_i \frac{e^{x_i}}{\sum_i e^{x_i}}, i = 1, 2, \cdots, 8 \quad (6\text{-}21)$$

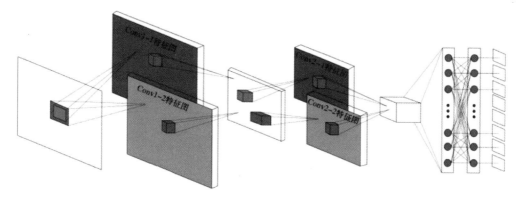

图 6-31 CNN 拓扑结构图

深度特征学习及识别 CNN 训练调优与测试过程为：①训练阶段。输入带标签时频信号样本，每个样本映射得到 12 通道 14×14 特征图，实现 3600 维浅层时频特征空间到 2352 维深层特征空间（全连接层）的映射，并通过输出层和分类器完成特征空间到 8 维类别空间映射；正向传播误差信号通过随机梯度下降算法进行反向传播与参数调优。②测试阶段。输入经过相同特征预处理的时频信号用于分类识别，完成性能验证。

根据以上网络训练和识别得出的辐射源类型、工作模式、辐射源体制等信息进行辐射源分布态势的显示。

九、辐射源分布态势显示

从辐射源获取的数据（如距离速度等）进行辐射源分布态势显示，更加直观地显示地方目标的状态。本方案采取基于 PCA 的 Voronoi 图改进算法。

Voronoi 图表现为一组生长元同时向四周生长，直至相遇，即每个剖分区域内的所有点到它所在区域的生长元的距离比到其他区域生长元的距离近。网络 Voronoi 图在 Voronoi 图基础上，将点与点之间的连接由平面欧氏距离替换为实际网络路径距离，在此基础上对网络空间进行 Voronoi 图划分。

PCA 为主成分分析法的英文简称，通常指采用原始变量线性组合对原本指标数据进行替代，从而实现主成分解释。该算法能够使原本数据结构分布得到最大限度的保留，并在最小均方条件下进行最能代表原始数据的投影查找，从而在特征空间中实现数据降维。作为常用降维算法，其能够实现方差最大化，同时实现冗余最小化，在数据降维、数据相关性分析等多个领域拥有显著优势。该算法能够对原始数据进行线性变换，将数据变换到新坐标系中，在数据方差最大的方向树立第一个坐标轴，即第一主成分。与第一个坐标轴正交平面中方差最大的为第二个坐标轴，即为第二个主成分。对低阶主成分进行保留，使高阶主成分得到忽略，能够使数据集方差贡献最大的特征得到保持。利用不同维度线性无关数据进行表示，可以得到一组不相关的综合指标。通过对数据主要特征分量进行提取，将高维空间数据向低维空间投影，能够完成数据降维处理。对于处理辐射源这类多特征信息的信号具有天然的优势，可以更加直观地显示出目标的状态，紧接着采用在降维过程后保留的特征元素构成该点的辐射范围，并以此为基础，构建点群的网络 Voronoi 图。

利用改进的 PCA 模型进行网络 Voronoi 图构建的流程如图 6-32 所示，下面对其进行详细描述。

图 6-32　网络 Voronoi 图构建流程图

1. 点的投影

在改进模型中，辐射源参数均为初始神经元，由其发出的自动波是沿着辐射网传输的。在实际辐射源空间中，辐射源参数大多是辐射源目标，但在辐射空间中，辐射点往往没有严格分布在辐射网络上，故需要将点群投影到对应的辐射源目标上，具体如图 6-33 所示。

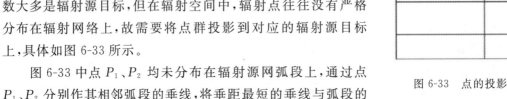

图 6-33 中点 P_1、P_2 均未分布在辐射源网弧段上，通过点 P_1、P_2 分别作其相邻弧段的垂线，将垂距最短的垂线与弧段的交点视为该点的投影点，如图 6-33 中点 P_1'、P_2' 分别为 P_1、P_2 的投影点。

图 6-33　点的投影

2. PCA 降维

样本分类过程中，还要假设样本存在 n 个特征，通过对样本平均值、离散度矩阵 S_w 进行计算，能够对投影方向进行选择，将样本投影至一维空间 Y。对空间边界点进行查找，能够根据投影点与分界点关联完成分类。如在各样本均值向量为 m_i 时，样本类间的离散度矩阵满足

$$S_b = (m_1 - m_2)(m_1 - m_2)^{\mathrm{T}} \tag{6-22}$$

想要使投影后的一维空间保持较大距离，需要使样本均值 $(m_1 - m_2)$ 差较大，实现类间距离最大化。与此同时，类间距离实现最小化，能够使各样本保持紧密。对向量 W^* 进行求取，需要完成分类准则函数的构建，得到

$$J_F(W) = \frac{W^{\mathrm{T}} S_b W}{W^{\mathrm{T}} S_w W} \tag{6-23}$$

由于 $W^* = S_w^{-1}(m_1 - m_2)$，对所有样本进行投影，能够得到

$$y = (W^*)^{\mathrm{T}} X \tag{6-24}$$

对投影空间分割阈值 y_0 进行计算，能够得到一维空间内各样本均值和离散度矩阵。针对给定原始变量 X，通过在 W^* 投影得到 y，可以根据 y 与 y_0 大小比值完成分类。对样本数据协方差进行计算时，对矩阵 $(S_{ij})_{p \times p}(i, j = 1, 2, \cdots, p)$、特征值 λ_i 和对应正交化单位特征向量 a_i 进行分析。根据主成分贡献率，能够完成重要主成分筛选。主成分 F_i 特征值与原始变量 X_j 系数乘积为主成分荷载，可对其与原始指标间的关联程度进行反映，得到

$$I_{ij} = \sqrt{\lambda_i a_{ij}} \tag{6-25}$$

对不同主成分得分进行分析,能够完成样本特征评判,得到

$$F_i = a_{i1}y_1 + a_{i2}y_2 + \cdots + a_{ip}y_p \qquad (6\text{-}26)$$

经过上述 PCA 降维过程之后,可得到关于辐射源信息的二维特征,然后根据这些信息构建 Voronoi 图,具体过程如下。

(1)离散点自动构建三角网,即构建 Delaunay 三角网。对离散点和形成的三角形进行编号,记录每个三角形是由哪 3 个离散点构成的。

(2)找出与每个离散点相邻的所有三角形的编号,并记录下来。这只要在已构建的三角网中找出具有一个相同顶点的所有三角形即可。

(3)对与每个离散点相邻的三角形按顺时针或逆时针方向排序,以便下一步连接生成泰森多边形。

(4)计算每个三角形的外接圆圆心,并记录之。

(5)根据每个离散点的相邻三角形,连接这些相邻三角形的外接圆圆心,即得到泰森多边形。对于三角网边缘的泰森多边形,可作垂直平分线与图廓相交,与图廓一起构成泰森多边形。

通过以上方法得到辐射源分布态势,利用模拟的战场数据进行测试(图 6-34),得到分布态势的准确率。

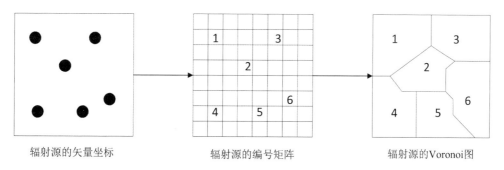

图 6-34 战场电磁辐射源 Voronoi 图的产生过程

十、雷达资源分配

相控阵阵面的资源动态分配是电子对抗中资源调度的难题,如何进行任务的协同调度是本书重点研究的内容,根据得到的辐射源类型、工作模式、雷达体制(脉冲多普勒、相控阵等)、信号特征(PDW、调制信息)等信息,判断目标的威胁等级,利用博弈论对资源分配的关系进行建模,设计高效的智能强化学习方法,搜索到调度效率最大的相控阵阵面任务调度效果。常见的雷达任务有预警探测、目标识别、跟踪制导与目标干扰等。

根据雷达工作模式、距离、接近速度、信号功率、辐射源类型等指标对雷达威胁等级进行计算,一般评估指标有不同量纲与类型。为消除不同指标间的差异化对分析效果的影响,首先对指标进行归一化处理,采用的方法为零均值标准化方法,对原始数据的均值和标准差进行数据的标准化

$$x' = \frac{(x - \bar{x})}{\frac{1}{n}\sum_{i=1}^{n}(x_i - \bar{x})} \tag{6-27}$$

经过处理的数据符合标准正态分布,即均值为 0,标准差为 1,将有量纲的表达式变成无量纲的表达式,使结果映射到 0~1 之间,得到各指标的归一化矩阵。

目标雷达威胁等级从 0 到 4 可分为 5 个等级,分别对应 0~1 之间的 4 个数值区间,等级越高表示威胁程度越大。如威胁等级为 0 级,表示该目标的威胁程度最低,对应值则为第一区间的 0。

本书采用自适应模糊神经网络(adaptive network-based fuzzy inference system,ANFIS)进行雷达威胁等级的计算,ANFIS 能够根据期望的输入输出数据对初始模糊推理系统的结构参数进行调整和优化。利用基于 MATLAB 的 ANFIS 工具箱可进行系统建模,图 6-35 为该工具箱的显示界面,坐标系用以显示数据,下半部分为建立、训练模型的参数选项。

利用 ANFIS 工具箱,输入训练数据、编辑隶属度函数与规则后进行训练产生模型对数据进行测试,具体步骤如下。

(1) 输入训练数据和检验数据。
(2) 确定输入变量的隶属度函数的类型和个数。
(3) 产生初始的模型结构,建立推理规则。
(4) 设定 ANFIS 训练的参数。
(5) 利用 ANFIS 函数训练 ANFIS。
(6) 检验得到的模型性能。

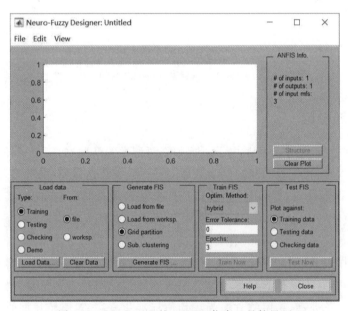

图 6-35　MATLAB 的 ANFIS 仿真工具箱界面

将经过上述步骤得出的威胁等级判断模型保存,通过 MATLAB 命令行输入测试数据,即可获得威胁等级的判别结果。

十一、基于博弈学习的资源调度算法

本方案利用基于博弈学习的资源调度算法进行任务分配与相控阵阵面的干扰资源分配。

基于博弈学习的资源调度算法包括两层：①总体任务分配层，本层基于蝙蝠算法对资源的干扰、探测、侦察等任务进行分配。②干扰资源分配层，本层针对分配给干扰资源的相控阵阵面单元，进行最优化的分配策略搜索。经过两层的处理，根据任务时间、资源供给边界等对调度策略进行性能分析，最终得到一种最优的调度方案。该算法流程图如图6-36所示。

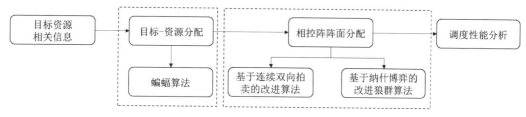

图 6-36 基于博弈学习的资源调度算法流程图

十二、基于蝙蝠算法的雷达任务分配

当目标靠近时，雷达通过对目标的参数判断、威胁检测等操作探测出目标相关信息，由此对已有资源进行不同的任务分配，任务类型有干扰、探测、侦察等。任务分配问题在本质上属于NP难问题，本方案采用蝙蝠算法进行每个时刻最优任务分配方案的查询。

蝙蝠算法(bat algorithm，BA)是一种新的启发式搜索算法，模拟自然界中的蝙蝠利用回声搜索、定位、规避障碍物、捕猎等行为而实现搜索问题的最优解，其原理简单、计算量小、优化速度快，是当前仿生群智能计算研究的热点内容，目前已经广泛应用于简单函数优化、资源调度、生产调度、分类识别、模式识别等优化问题，相对于粒子群算法、遗传算法等，BA 具有更大潜能，其流程图如图6-37所示。

每个虚拟蝙蝠在位置 x_i 有随机的飞行速度 v_i（问题的解），同时蝙蝠具有不同的频率或波长、响度(A_i)和脉冲发射率(r)。蝙蝠狩猎和发现猎物时，它改变频率、响度和脉冲发射率，进行最佳解的选择，直到目标停止或条件得到满足。这本质上就是使用调谐技术来控制蝙蝠群的动态行为，平衡调整算法相关的参数，以取得蝙蝠算法的最优。

针对目标与资源的分配选择问题，首先设定编码方式。若编码大小为 λ，分配编码则表示为 $O=|\beta_1,\beta_2,\cdots,\beta_p,\cdots,\beta_\lambda|$，其中 β_λ 表示某一目标所选择的任务。在对蝙蝠种群进行初始化时，利用该编码方式进行初始参数的设置。

在本节中，输入信息为目标雷达的威胁等级、时间等参数，利用已有的资源信息，基于一定的任务分配原则，经过蝙蝠算法的仿真处理，可得到每个目标对应的任务分配结果，输入到下一层进行相控阵阵面资源的确定。

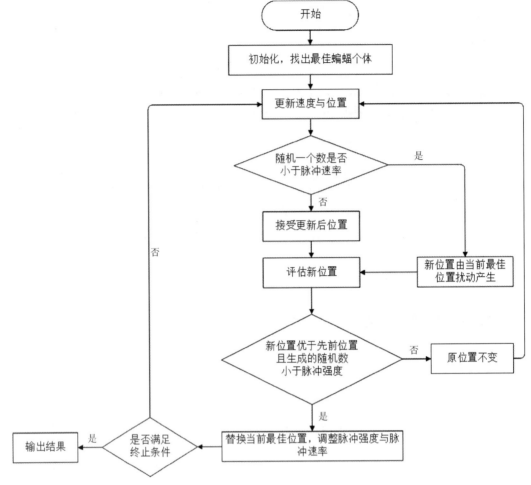

图 6-37 蝙蝠算法流程图

十三、基于博弈论的相控阵阵面干扰资源分配

在对每个目标进行不同的任务分配之后,需要决策相控阵阵面的干扰资源分配方案,为下一环节的干扰波形产生依据,本方案基于连续双向拍卖算法与纳什博弈论进行改进,查询最优阵面干扰资源分配方案。

1. 基于连续双向拍卖算法的改进算法

连续双向拍卖是交易市场中各方实现其交易行为的一种有效机制。交易市场将各方的竞争行为转化为各自的价格行为,价格信息体现了各方决策行为的结果。根据经济学理论,各方的竞争关系是一种供需关系,解决供需关系的最有效途径就是交易市场。连续双向拍卖作为一个多边的讨价还价过程,能够快速地收敛到竞争均衡,从而产生很高的价格发现效率。在这个系统中,参与者在市场中的行为完全体现为其价格行为,所有参与者的价格行为构成市场。参与者的价格行为就是其决策的结果,参与者的决策只需要关心市场价格和自身收益这两方面的因素。

连续双向拍卖的市场交易机制是基于指令流的撮合成交机制,其指令分为限价指令和市价指令,在交易市场过程中,当指令稀少时就有可能产生异常的成交价格。利用连续双向拍卖的进行建模时就要对交易机制进行重新设计,避免产生异常的成交价格,给交易者造成损失。本方案有以下设定。

(1) 在建模时阵面资源为卖方,干扰目标为买方,交易双方的角色固定。

(2) 阵面分配策略作为交易的商品被认为是同质的。

目前在智能优化问题中应用较多的是遗传算法、改进蚁群算法、人工蜂群算法和粒子群算法等。其中,改进蚁群算法的使用最为广泛,且收敛速度快;人工蜂群算法在此基础上具备基础参数少的优势。将这两种算法分别与连续双向拍卖算法结合,利用蚁群与蜂群的寻优特性即可快速找出基于连续双向拍卖算法的最佳匹配方案。

蚁群算法和人工蜂群算法都属于群体智能优化算法,这些群体按照一种合作的方式寻找食物,群体中的每个成员通过学习自身的经验和其他成员的经验来不断地改变搜索方向。群智能算法强调对群体中个体之间相互协作的模拟,但其最大的不足在于该算法随机性强,每次的求解结果不一定相同,当处理突发事件时,系统的反映是不可预测的,这在一定程度上增加了其应用风险。连续双向拍卖算法的决策只取决于双方的目标函数,将该算法与群智能算法结合,可有效提升拍卖方案的决策效率。

在对相控阵阵面进行干扰资源分配时,计算两方的目标函数,当阵面资源和干扰目标的要价和竞价匹配时,达到最大的效益值,此刻执行调度方案,进行资源分配。

2. 基于纳什均衡的改进狼群算法

纳什均衡又称为非合作博弈均衡,是博弈论中的一个重要术语。在一个博弈过程中,无论对方的策略选择如何,当事人一方都会选择某个确定的策略,则该策略被称作支配性策略。如果任意一位参与者在其他所有参与者的策略确定的情况下,其选择的策略是最优的,那么这个组合就被定义为纳什均衡。一个策略组合被称为纳什均衡,当每个博弈者的平衡策略都是为了达到自己期望收益的最大值,与此同时,其他所有博弈者也遵循这样的策略。

在本节中,相控阵阵面资源与上一环节的雷达任务分配作为两个博弈者参与博弈,其策略的优劣性衡量即为双方目标函数的计算,博弈者作为智能优化算法的输入,智能优化算法选择狼群算法进行最佳阵面干扰资源分配方式的查询。

狼群算法是基于狼群群体智能,模拟狼群捕食行为及其猎物分配方式,抽象出游走、召唤、围攻3种智能行为以及"胜者为王"的头狼产生规则和"强者生存"的狼群更新机制,提出的一种新的群体智能算法。该算法为一种随机概率搜索算法,使其能够以较大的概率快速找到最优解,狼群算法还具有并行性,可以在同一时间从多个点出发进行搜索,点与点之间互不影响,从而提高算法的效率。

狼群算法与蚁群算法、蜂群算法本质上相同,都属于群体智能优化方法(图6-38),此类方法都是依靠群体的相互协作来进行最优解的查询,在群体的演变过程中都引入了随机数,以便进行充分地探索。

使用狼群算法查询相控阵阵面干扰资源调度方案时,当博弈的双方(阵面与雷达任务分配)达到纳什均衡时,输出最优匹配的方案。

基于以上两个算法,构建目标函数模型,进行最优解的计算。目标函数为目标威胁等级、目标干扰资源占用比及干扰效果期望值共同组成的函数。设定两个资源分配的约束条件。

(1)每部干扰机可干扰多个目标,为了节约资源,优先干扰威胁等级较大的雷达。

(2)每个目标可被多个干扰机干扰。

不同算法之间的优化绩效比较采用最优解质量、算法收敛速度及稳定性进行分析,经过不断的迭代,通过目标函数的计算选取出最佳调度方案,通过调度时间、资源供给边界等方面进行评估,并设置"一对一"与"多对多"两种干扰模式进行仿真验证,并将以上两种算法与线性规划、遗传算法进行比较,得出算法性能优劣结论。

通过本节两种改进算法,可直接获得相控阵阵面的任务分配与干扰资源分配结果,从而进行干扰波形选取。

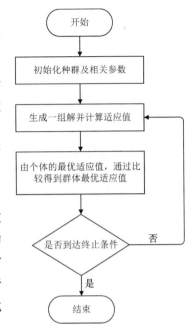

图 6-38　群智能优化方法流程图

十四、基于强化学习的干扰样式决策及自适应干扰波形生成

根据已获取的干扰波形样式库与评估原则,由资源分配结果自适应地产生干扰效果最优的波形,本书基于强化学习与迁移学习进行改进,采用基于好奇心启发式模型的蒙特卡罗采样 Q 学习,产生一种自适应干扰波形生成算法,采用基于迁移学习的长短时记忆网络-自编码器进行波形优化,具体如下。

强化学习拓扑模型如图 6-39 所示,可以被概括为智能主体对环境进行观察,根据环境状态,按照一定的策略选择动作作用于环境,得到本次动作的奖励(reward),而后重复上述动作,直至结束的流程。

大多情况下强化学习中涉及的状态与环境遵循着马尔科夫模型,如图 6-40 所示,因此强化学习问题可以采用马尔科夫决策(markov decision process,MDP)进行建模。它的本质为在当前状态下转移到下一状态存在着转移概率,同时执行这一转移过程受奖励、当前状态与决策共同影响。

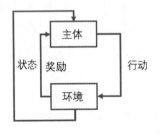
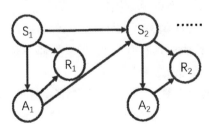

图 6-39　强化学习模型图　　图 6-40　马尔科夫过程示意图

马尔科夫决策过程是基于模型,即转移概率矩阵实现的,但在实际情况中转移概率矩阵是很难先验得到的。因此,在无法获取转移概率的情况下,很难在迭代过程中获得精确最优解。针对这一问题,有学者提出了 Q 学习,一种无模型的强化学习方法。将状态转移矩阵改变成由存储有奖励价值的 Q 因子,在状态求解的过程中不断更新迭代概率实现了近似动态规划,具体流程如图 6-41 所示。

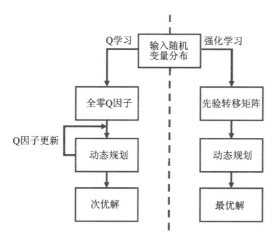

图 6-41 Q 学习与强化学习对比

这一模型包含了环境状态空间 S、系统动作空间 A、转移状态 P、奖励函数 R 4 个部分,同时建立模型遵循式(6-28)所构成的贝尔曼最优方程,所得到的最优策略如式(6-29)所示。

$$\begin{cases} V^*(s) = \max_{a \in A(s)} \sum_{s'} P_{ss'}^a (R_{ss'}^a + \gamma V^*(s)) \\ \pi^* = \arg\max_{a \in A(s)} \sum_{s'} P_{ss'}^a (R_{ss'}^a + \gamma V^*(s')) \end{cases} \tag{6-28}$$

$$\begin{cases} \pi^*(s) = \arg\max_{a \in A(s)} Q^*(s,a) \\ Q^*(s,a) = \sum_{s'} P_{ss'}^a (R_{ss'}^a + \gamma \max_{a' \in A(s)} (Q^*(s',a'))) \end{cases} \tag{6-29}$$

在这一基础上,贝尔曼最优方程中的式(6-30)作为最优 Q 因子进行小步长的迭代得到最终表示的次优解[式(6-31)]。

$$Q^*(s,a) = \sum_{s'} P_{ss'}^a (R_{ss'}^a + \gamma \max_{a' \in A(s)} (Q^*(s',a'))) \tag{6-30}$$

$$Q^*(s,a) = (1-\alpha)Q^n(s,a) + \alpha(R_{ss'}^a + \gamma \max_{a' \in A(s)} (Q^*(s',a'))) \tag{6-31}$$

其中,α 代表学习率。

在一次又一次的迭代中不断对每个状态的 Q 表进行更新,ε-贪心算法如式(6-32)所示,根据前一轮迭代中概率最大者作为本状态的动作输出,每一次状态转移后再进行动态规划的奖励计算,随后还通过蒙特卡罗采样,最终实现自适应求解次优解的同时,降低算法的计算代价。

$$\pi^\varepsilon(s) = \begin{cases} \pi(s) & p = 1-\varepsilon \\ \text{rand}(A) & p = \varepsilon \end{cases} \tag{6-32}$$

蒙特卡罗采样对状态-动作(s,a)进行了离散,假定基于 t 个采样已经估计出了价值函数

$Q_t^\pi(s,a) = \frac{1}{t}\sum_{i=1}^t r_i$,则第 $t+1$ 个采样,得到式(6-33)。

$$Q_{t+1}^\pi(s,a) = Q_t^\pi(s,a) + \frac{1}{t+1}\sum_{i=1}^t (r_{i+1} + Q_t^\pi(s,a)) \quad (6-33)$$

因此,基于式(6-29)采用蒙特卡罗采样减少计算后,式(6-29)可以表示为

$$Q(t+1)^\pi(s,a) = Q_t^\pi(s,a) + \alpha(R(s \to s')^a + \gamma Q_t^\pi(s',a') - Q_t^\pi(s,a)) \quad (6-34)$$

因此,基于方法的蒙特卡罗采样的 Q 学习大致流程如图 6-42 所示。

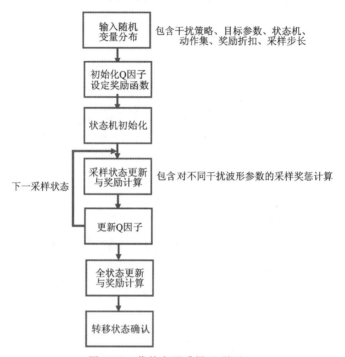

图 6-42 蒙特卡罗采样 Q 学习

在蒙特卡罗采样 Q 学习的基础上,本书提出了好奇心模型,即该模型在求解过程中存在好奇心机制,在原有的策略基础上进行解绕参数求解,如式(6-35)所示,得到不同于整个模型的启发式结果。随后,采用项目协同融合特征提取等方法,对本次启发式结果评估,而后保存该结果及其 Q 因子并在下一次好奇心触发的情况下进行比较迭代。

$$Cur<S,A,Q> = \eta(a) \| <\lg|A|> \|_{L^2} * <S,A,Q> \quad (6-35)$$

式中:$\eta(a)$ 为好奇心触发概率,当 a 大于预设概率时将触发解绕参数求解。

最后在获得好奇心结果后,将会在下一次蒙特卡罗采样 Q 学习迭代时对状态机初始化进行摇摆的权重影响,加快收敛速度。同时,为保证算法鲁棒性,状态机初始化步骤也有着对好奇心的初始化权重影响的拒绝权限。

基于好奇心模型的蒙特卡罗采样 Q 学习,大致流程如下。

输入:干扰策略库、目标参数、参数状态机、参数动作集、奖励折扣、采样步长。

输出:干扰波形的参数,包括干扰样式、频率、带宽、重复频率、脉宽。

(1) 初始化，根据干扰决策库与目标参数建立参数状态机、动作集。
(2) 将目标参数传递进奖励计算公式进行基础数值评估。
(3) 强化学习的训练：

  初始参数状态机位置初始化；

  while 结果误差小于理想数值或达到最大训练次数 **do**

    参数动作集的贪心选择；

    通过干扰效果评估得到进行奖励比较并与上一次 Q 因子对比；

    Q 表的更新迭代；

    if 该 Q 因子触发好奇心模型 **do**

      提取当前参数动作集；

      启发解的解绕求取；

      与上一个好奇心模型的奖励进行比较，保存并返回参数动作集；

    end

  end

(4) 模型迁移，大量训练好的 Q 表迁移到实际应用中。
(5) 真实预测，将实际干扰样本、决策与目标参数输入模型，获得自适应干扰波形。

好奇心启发式蒙特卡罗采样 Q 学习利用基于 Q 因子的好奇心触发机制，实现了对于接近最优解附近其余潜在解的解绕提取。从而在 Q 因子达到触发条件后对该状态的这一行为附近其他未被采样到的行为进行奖励计算，并与前一次好奇心结果对比返回保存至状态机中，其过程如图 6-43 所示。该过程在保证蒙特卡罗采样 Q 学习鲁棒性的基础上，增加了启发式求解，可防止 Q 因子的整体趋同化，实现对潜在最优解的靠拢。

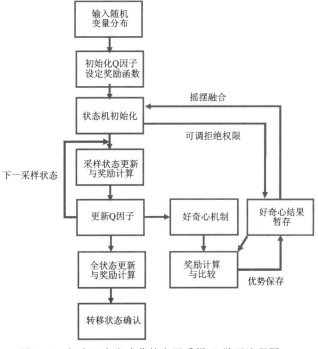

图 6-43　好奇心启发式蒙特卡罗采样 Q 学习流程图

十五、基于迁移学习的干扰波形优化

基于上述过程,采用"样本-模型-迁移-应用"对已有干扰波形的应用场景样本进行蒙特卡罗采样 Q 学习,建立先验 Q 表。受好奇心机制的影响,在建立先验 Q 表的过程中,启发式产生的具有较高优势的结果也会被保存用于实际中的优势度对比参照,使得实际应用中也能对潜在解进行解绕提取。在完成样本的多次训练后利用同态映射迁移学习,将建立的具有好奇心结果的 Q 表应用于实际情况。

在同态映射迁移学习中,利用源任务和目标任务之间存在的映射关系进行知识迁移。建立一种映射网络,通过这种网络能够将目标任务输入 DRL 的状态空间转变为源任务中的状态空间,以便重用源任务中 DRL 的策略,在多个源任务中基于 DQN 训练源策略,直接将源策略应用于目标任务中,最终实现迁移多个源任务的知识。

同时,为了最大限度地保证"正向迁移"的应用效果,同态映射迁移学习中采用 Q 表部分冻结迁移与 Q 表自适应扩展两种手段作为核心,实现模型的正向迁移提高收敛度,同时拓展 Q 表,提高新问题模型下的准确度。具体流程如图 6-44 所示。

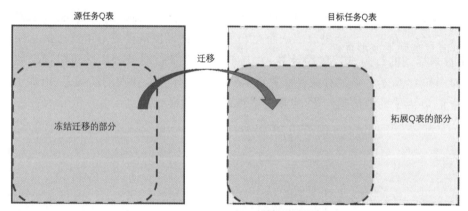

图 6-44 同步映射迁移学习流程图

基于上述原理,在训练前期更注重源任务中最优值函数的知识,帮助算法减少对无用样本的探索,因此主网络中的迁移评价值函数网络会迟于本地评价值函数网络更新,更新方式遵循公式(6-36)。

$$L(\theta^Q_{i=1,2,\cdots}) = E_{s_i,a_i,r_i,s_{i+1}}\left[(y_n - Q(s_i,a_i\mid\theta^Q_i))^2\right] \quad (6\text{-}36)$$

式中:$E_{s_i,a_i,r_i,s_{i+1}}$ 代表了迁移网络中当前状态、执行动作、评价值与下一状态的映射函数;$y_n = r_i - \gamma_{\min Q(s_{i+1},\mu(s_{i+1}\mid\theta^\mu)\theta^{Q'}_i)}$ 代表了这一情况下构建的评价损失函数。

随着目标任务与环境交互的进行,目标任务的知识会帮助主网络中的所有评价值函数网络更加准确的评价策略,所以主网络中迁移评价值函数网络也会逐步更新,最终主网络中所有评价值函数网络都向目标任务的相同最优值函数方向更新。

在完成迁移后,系统会在先验 Q 表的基础上进行参数选择,并在好奇心机制的作用下继续对潜在解进行提取,其具体流程如图 6-45 所示。

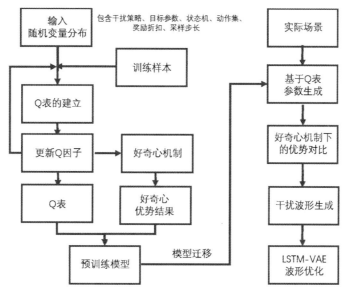

图 6-45 参数选择流程图

如图 6-45 所示,在获得参数生成干扰波形后,将会通过长短时记忆网络-变分自编码器(long short term memory network-variational autoencoder,LSTM-VAE)对干扰波形进行优化,实现在原信号基础上波形优化。

LSTM 是一类改进的循环神经网络,其一个单元的结构如图 6-46 所示。

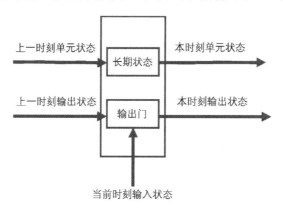

图 6-46 LSTM 的单元结构

对于 LSTM 的一个单元,在某一时刻具有 3 个输入,即来自上一时刻的单元状态 $c^{<t-1>}$、输出状态 $a^{<t-1>}$ 和当前时刻的输入状态 $x^{<t>}$,三者共同决定本时刻的输出 $a^{<t>}$ 与本时刻单元状态 $c^{<t>}$ [式(6-37)]。

$$\begin{cases} a^{<t>} = \sigma(W_u[a^{<t-1>},x^{<t>}]+b_u) * \tanh(W_c[a^{<t-1>},x^{<t>}]+b_c) + \\ \qquad\quad \sigma(W_f[a^{<t-1>},x^{<t>}]+b_f) * c^{<t-1>} \\ c^{<t>} = \sigma(W_o[a^{<t-1>},x^{<t>}]+b_o) \end{cases} \quad (6\text{-}37)$$

式中:$\sigma(\cdot)$ 代表了对输入进行激活函数 RELU 运算;W 与 b 为确定长期状态与输出门中的

权重系数。

通过 LSTM 在信号自身的监督状态下,实现对好奇心启发式蒙特卡罗采样 Q 学习输出的干扰噪声波形潜在特征的提取与优化,使得在实际应用场景下获得的干扰波形具有更加稳定的干扰优势度。

LSTM 只能获得基于源干扰信号的参数优化结果,因此在获取到优化干扰波形后,本书通过 VAE 实现对其高斯潜在空间 Z 下同模式信号的自编码生成,从而获得更多值得使用的干扰波形。VAE 具体结构如图 6-47 所示。

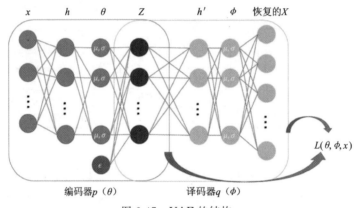

图 6-47 VAE 的结构

在 VAE 模型中,输入信号 X 都可以由符合正态分布的隐变量 Z 与高斯噪声空间确定,在编码过程中通过反向传播实现 X 与 Z 映射关系权重的提取,即后验概率模型 $p(\theta)$。获取到后验概率模型后,即可通过译码器实现对输入信号 X 在潜在高斯空间下的同特征信号的自适应生成与强化。

如上所述,基于 LSTM-VAE 实现了对 Q 学习生成干扰波形的自监督优化,通过这一手段,做到了对干扰波形的自监督下的自适应优化,不仅实现了对干扰噪声波形的优化,还完成了同信号在潜在高斯空间下的其他信号的自编码生成。

在收到上一环提供的干扰资源调度方案后,本算法会从中提取与干扰波形生成的相关参数,如干扰资源分配方案,目标波形特征参数等。根据这些信息,模型会利用已有的干扰参数库进行强化学习,在迭代中找寻干扰效果最佳的解。同时当干扰效果达到好奇心触发阈值时,将会对当前次优解进行解绕求取附近的采样离散解,进行好奇心模型下的启发式求解。最终,通过 Q 学习实现干扰波形的自适应生成。

主要参考文献

陈大全. 基于随机共振微弱信号检测方法研究[D]. 内蒙古:内蒙古工业大学.

石林,2022. 基于分数阶最大相关熵的混沌背景下微弱脉冲信号检测[D]. 重庆:重庆理工大学.

孙江,2021. 海杂波背景下的混沌小信号检测方法研究[D]. 南京:南京信息工程大学.

汤佳琛,2021. 基于随机共振的微弱信号检测模型及应用研究[D]. 北京:北京科技大学.

王磊,2009. 基于MATLAB的数字图像处理[J]. 苏州市职业大学学报,20(2):53-56.

张德丰,2009. MATLAB数字图像处理[M]. 北京:机械工业出版社.

赵冠哲,段再超,张洁,2021. 海洋环境中舰船通信微弱信号增强技术[J]. 舰船科学技术,43(12):127-129.

赵胜利,张力芝,苏理云,等,2021. 混沌噪声背景下微弱脉冲信号的分布式检测融合[J]. 重庆理工大学学报(自然科学),35(10):264-272.

郑姣姣,2021. 磁声耦合声信号检测与处理技术研究[D]. 西安:西安石油大学.

MA HUIJIE, LI SHUNMING, LI XIANGLIAN, et al. ,2022. Weak signal detection based on Combination of Sparse Representation and Singular Value Decomposition[J]. Applied Sciences,12(11):5365.

SHI HUAITAO, LI YANGYANG, BAI XIAOTIAO, et al. ,2022. A two-stage sound-vibration signal fusion method for weak fault detection in rolling bearing systems[J]. Mechanical Systems and Signal Processing,172:109012.

Yang Yifan, Xu Jian, Kuang Yun, et al. ,2021. Research of weak signal detection based on super-regenerative chaotic oscillator[J]. Electronics Letters,58(5):194-196.

附录:关于图像分割算法评价的补充

一、质量评价(无监督)

无监督评价法通过直接计算分割结果图像的特征参数来评价分割效果,其优势在于不需要理想分割的参考图像。

分割结果图像的特征参数又称为指标或者测度。

无监督评价的指标一般分为:区域内一致性指标、区域间差异性指标、语义性指标。

无监督评价法是一种独立于分割技术本身的评价方法,其研究的对象是算法分割后的效果图,通过计算分割后的区域或类别的统计特性,来判断分割结果是否与视觉要求一致。因此,从某种意义上说,无监督评价方法是主观评价方法的客观实现手段。无监督评价方法无需标准分割图像作为参照,能帮助系统实现自动选择最优算法以及指导算法进行参数自我调整。近来,Pichel 就提出一个类似的系统,用无监督评价方法实时评估算法性能并指导算法调整,获得了较为理想的结果,大大提高了系统工作的效率。

二、性能评价

同一问题(此处指分割某幅或多幅图像)可由不同的算法解决,但每个算法的运行效率是不同的,因此要进行算法复杂度分析来选择合适的算法和改进算法。算法的复杂度包含时间复杂度和空间复杂度两方面的内容。